JN219502

技術の泉 SERIES
E-Book / Print Book

インプレス R&D ［ NextPublishing ］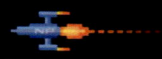

ラズパイでラジオを聞く！
"radiberry pi!"

構築マニュアル

木田原 侑 ｜ 著

Raspberry Pi

あなたのラズパイ、余ってませんか？
それならラジオを
聴きましょう！

impress
R&D
An impress
Group Company

目次

まえがき

　もし「今、すぐにラジオをつけて下さい」と言われたら、あなたは何をしますか？何をしたらいいか全く分からないという人が、案外多いのかもしれません。

　'92年生まれの私の実感では、徐々にラジカセが使われなくなり、更に下の世代ではラジオを付けるといっても、そもそも「ラジオって？」となる人が居るのも無理はありません。

　物心付いた時からラジオに親しんできた身からすると、それはあまりに勿体無い。ラジオを聴く側にとって、聴取のための環境がこれほど整備された良い時代は無いのです。

　2010年代、ラジオというインフラは2000年代と比べ物にならないほど画期的な進化を遂げました。地上波と同じ内容を放送するradikoの登場により、ラジオがなくてもパソコンやスマートフォンがあれば聞けるようになったのです。

　本書は、多用途すぎる故に持て余しがちな小型PCのraspberry piを使い、radikoよりも快適にラジオを再生する環境の構築を目的として、その手順を解説した本です。つまり、ラジオを快適に聴くことを第一に考えた本と言っても過言ではありません。構築パターンの選び方次第では、ラジオとは関係なく音楽を再生する環境を構築することもできるのですが、是非とも本書を参考に、raspberry piでラジオをつけてみて下さい。

本書で扱う内容

- ・raspberry piのセットアップ手順
- ・radikoのストリーミング再生／タイムフリー再生
- ・raspberry pi内／外付けドライブ内に含まれるメディアファイルの再生
- ・ワンセグチューナーを用いたFM波の受信・音声再生
- ・ブラウザや赤外線リモコンによるコマンド実行
- ・Jenkinsによる定期スケジュール実行

本書で扱わない内容

- ・音声によるコマンド実行（スマートスピーカー化）
- ・podcastやラジオクラウド上の音声データ再生
- ・FM波以外（AM波・短波など）の電波受信／音声再生方法
- ・赤外線やBluetoothの規格・仕様
- ・DTMF音受信機能
- ・高音質で音声／音楽を再生する方法

想定読者

次に該当する方が本書の想定読者です。

raspberry piを買ったものの持て余しているエンジニア

raspberry pi 3B ／ 3B+ を持っている方は特にお薦めです。サーバーPCとして使うための下準備が構築手順に含まれているため、進めるうちに何か別の使い道が浮かぶかもしれません。既に構築済みのraspberry piのイメージがある場合、差分の手順だけ実施すれば良いです。ただし、構築した時期が古い場合、手順や画面が異なる可能性がありますのでご了承下さい。

快適なラジオ聴取環境を作りたいラジオ好き

スマートフォンや赤外線リモコンでの操作が可能なため、選局や音量調整を最も快適に行える環境が完成します。

物好き

サーバーPCもラジオも、物好きとの相性が大変良いです[1]。どちらか片方に足を突っ込んでいる方は、是非本書でもう片方に足を突っ込んでみましょう。

ラジオ廃人予備軍

こちらの世界へようこそ。まずは自分専用のラジオ番組表を作るところから始めましょう。(「4.4 radiko タイムテーブル再生」参照)

正誤表とサポート

本書のサポートや正誤表などは次のURLに掲載します。

https://docs.google.com/document/d/1Th4SMkTwXUol6STI0b_l3W95HuAGs9Dshof--o4zsoI/edit?usp=sharing

正誤表 QR コード

正誤表・サポートの他に、使用イメージの動画や底本の同人誌版で記載したラジオコラム数篇を掲載しています。

表記関係について

　本書に記載されている会社名、製品名などは、一般に各社の登録商標または商標、商品名です。会社名、製品名については、本文中では©、®、™マークなどは表示していません。

免責事項

　本書の内容は**2018年9月時点**のものを元に作成しています。本書の記載内容は筆者による調査や筆者の環境で実施した手順に基づいており、可能な限り正確に記載するよう努めていますが、正確性を保証するものではありません。また、本書に記載された内容は、情報の提供のみを目的としています。したがって、本書を用いた開発、製作、運用は、必ずご自身の責任と判断によって行ってください。これらの情報による開発、製作、運用の結果について、著者はいかなる責任も負いません。

底本について

　本書籍は、技術系同人誌即売会「技術書典4」で頒布されたものを底本としています。

第1章　radiberry pi!を作ろう

　本章では、まずradiberry pi!とは何か、そして radiberry pi!の構築手順を始める前に必要な準備について説明します。

1.1　radiberry pi!とは何か

　まず本書の主題である**「radiberry pi!(ラジベリーパイ)」**について説明します。

　radiberry pi!とは、**ラジオを聴くためにカスタマイズを行ったraspberry piの環境**を指します[1]。元々raspberry piはmicroSDカードとmicro B電源で動く小型PCで、主にサーバー用途として使われることが多いPCです。

　通常のPCと比べて大変安価[2]なため、気軽に手を出しやすいPCとしてエンジニアに広く認知されました。本書を読んでいる方の中には、買う際に**「取り敢えず一つ買おう、何に使うかは後でいいや」**と考えたエンジニアも居るはずです。

　そうやって「取り敢えず買ったraspberry pi」は、最後まで何に使うか思いつかず、気づいたらホコリを被ってしまうというケースが少なくありません。

　家で眠ったまま、もしくはこれから購入するraspberry piを**ラジオ再生機として使ってみませんか？**というのが本書のねらいです[3]。

1.1.1　想定している環境

　本書で示す構築手順は、次の表で示す環境を想定して記載しています。

項目	内容	備考
OS	raspbian stretch with desktop	CUIバージョンでも基本的には同じです ※解説の都合上、desktopバージョンとしています。
本体	raspberry pi 3B / 3B+	3Bより古いモデルでも問題ありませんが、 古いモデルでの無線接続は本書では解説していません。

1.1.2　radiberry pi!の機能

　raspberry piに本書で紹介する構築手順により、次の機能が利用可能になります。

1.radiberry pi!という単語は筆者の造語です。
2.本体は5000円以下、電源やケースなどを合わせても約1万円あれば十分な環境を整えることが出来ます。
3.というのはあくまで仮の趣旨で、「もっと多くの人にラジオを聴いて欲しい」というのが本当のねらいです。

- 操作
  - ─Webブラウザ、赤外線リモコン経由での操作
- ラジオ／ストリーミング再生
  - ─音量調整、再生制御
  - ─radikoやストリーミング放送、ワイドFMの再生
  - ─ランダム選局
- 音楽再生
  - ─音量調整、再生制御
  - ─スキップ
  - ─秒送り、秒戻し
- その他
  - ─FM／ワンセグチューナーを使用したFM波再生
  - ─Bluetoothスピーカーへの音声出力、ラジオ・音声ファイルのスケジュール再生
  - ─raspberry pi固有のセキュリティ対策

　詳しくは「1.3 本手順書の読み方」で後述しますが、これらの機能の全てを利用する必要はなく、利用したい機能を選んで対応する構築手順だけを実施することが可能です。

1.2　再生対象の定義

　radiberry pi!では様々なデータが再生可能で、中でもラジオは地上波（FM波）とインターネットラジオの再生が可能です。本書では、再生対象を次の通りに分類しています。

図 1.1: 本書における再生対象の定義

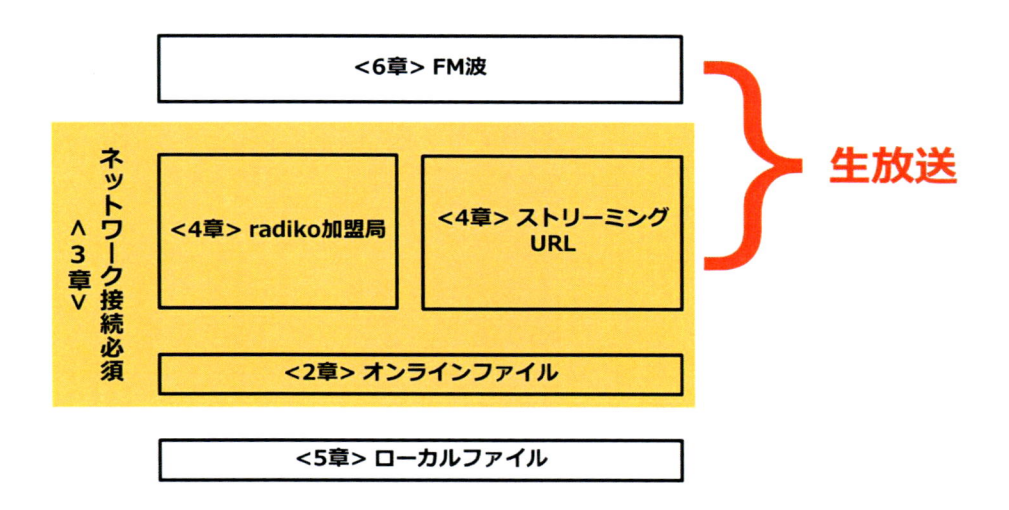

・FM波

　　——各地域で受信可能なFM波を指します。AMラジオ局はFM補完放送によりFM波でも聴取可能となり、FMラジオ局はFM波で放送しているため、2018年9月現在**ラジオNIKKEIを除く全ての民放ラジオ局の放送はFM波で聴取可能**です[4]。

・radiko加盟局

　　——radikoで再生可能な**民放ラジオ局群**を指します[5]。

・ストリーミングURL

　　——インターネット上でストリーミング放送が行われているURLを指します。

（NHKラジオ、コミュニティFM、BBC radio、J1FM等）

・オンラインファイル

　　——ブラウザ等から再生出来る音声ファイルやYouTubeの一部のファイルを指します。本書では、「2.8 音声出力確認」でのみ登場します。

・ローカルファイル

　　——raspberry pi内／外付けドライブに保存されている音声ファイルを指します。

1.3　本手順書の読み方

　本書で説明する構築手順は2章から10章までありますが、作業が必須なのは第2章「最小構築手順」だけで、残りの章の構築手順を実施するかどうかは任意です。

　radiberry pi!の用途によって必要な手順が異なるため、**本書の全ての構築手順を実施する必要はありません。**本書の構築手順と各章の対応は、下に示す図の通りです。

　「1.4 構築パターン」では、radiberry pi!の具体的な利用例とその構築に必要な手順の関係を示します。

---

4. 民放AMラジオ局の中で唯一NBCラジオ佐賀がradikoに加盟していませんが、FM補完放送（ワイドFM放送）を行っているためFM波で再生可能です。NBCラジオ佐賀以外のAMラジオ局は、FM波とradikoで再生することが出来ます。
5. NHKラジオはradikoでも再生可能ですが、民放ラジオ局ではないためストリーミングURLに分類しています。

図 1.2: radiberry pi!構築フェーズと各章の対応

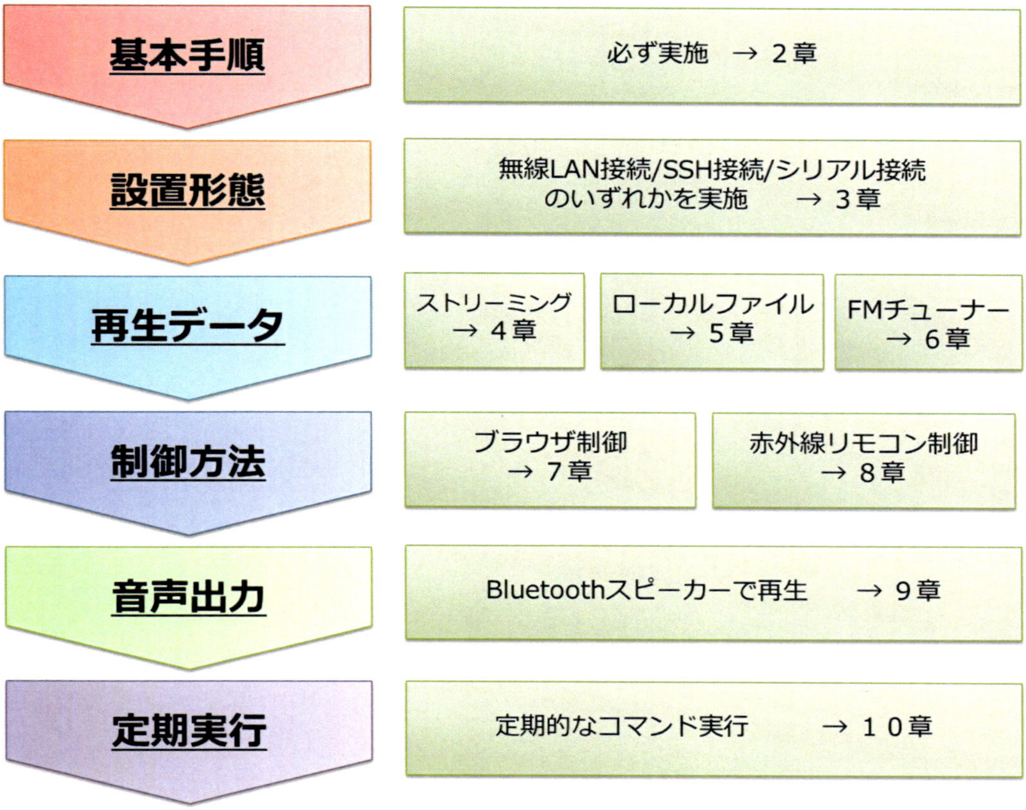

基本手順	必ず実施　→ 2章
設置形態	無線LAN接続/SSH接続/シリアル接続 のいずれかを実施　→ 3章
再生データ	ストリーミング → 4章 / ローカルファイル → 5章 / FMチューナー → 6章
制御方法	ブラウザ制御 → 7章 / 赤外線リモコン制御 → 8章
音声出力	Bluetoothスピーカーで再生　→ 9章
定期実行	定期的なコマンド実行　→ 10章

1.4 構築パターン

　冒頭で説明した「raspberry piを買ったものの、用途が決まらず放置」という状態を避けるため、radiberry pi!の**具体的な使用例と構築手順(構築パターン)** を紹介します。

　【A】　ラジオ体操
　　　―毎日決まった時間にNHKラジオ体操を再生する
　【B】　radikoタイムフリー
　　　―過去一週間以内の番組を最初から／途中から再生する
　【C】　USB音声ファイル再生
　　　―USB内に保存した音声ファイルを任意のタイミングで再生する
　【D】　FM波再生
　　　―FMラジオ放送やAMラジオ局のFM補完放送を受信し、再生する
　【E】　H!ntでJ1FM再生

—H!nt[6]（またはBluetooth スピーカー）でJ1FM[7]を再生する

図1.3: 各構築パターンと構築手順の対応

パターン ＼ Chapter	最小手順	設置形態	再生データ			制御方法		音声出力	定期実行
	2	3	4	5	6	7	8	9	10
<A> ラジオ体操	◎	○							◎
<B> radikoタイムフリー	◎	○	◎			○			
<C> USB音声ファイル再生	◎	○		◎		○	○		
<D> FM波再生	◎	○			◎	○	○		
<E> H!nt上でJ1FM再生	◎	○				○	○	◎	

◎：必ず実施する手順　○：実施を推奨する手順

　ここでは、radiberry pi!の代表的な使用例5パターンと各パターンで実施する構築手順（章）の対応を表しています。例えばラジオ体操のパターンでは、【第2章と第10章の手順は必須】で、【必要に応じて第3章の手順を実施する】という読み方になります。

　ここで示しているのはあくまで構築例です。また、一台で複数のパターンを兼ねることも出来ます。

1.5　環境構築に必要なもの

　次の章からradiberry pi!の構築に入りますが、まずraspberry pi本体の他に必要なものを揃えましょう。
　「1.4 構築パターン」では「用途によって構築手順が異なる」ことを説明しましたが、同じく用途によって揃える物も異なります。各章の冒頭では、その章の構築手順を行うにあたって必

6.http://www.yoppy.tokyo/hintradio/
7.https://jp.j1fm.com/

要なものの一覧を記載しています。（例えばBluetoothの音声出力を行う9章では、Bluetooth スピーカーが必要です。）

　各章のリストとは別に、環境構築時に必要なものリストを次の表1.2にまとめています。普段パソコンを使用している方であれば、準備しなくとも既に揃っているものが多いですが、手元にない場合は準備しておいて下さい。

表 1.2: 環境構築時に必要なもの一覧

名称	備考
インターネット環境	
USB キーボード	
USB マウス	
PC	PC は microSD カードに OS を書き込む際に使用します。 本書では Windows 環境を想定していますが、他の OS でも構いません。
microSD カードアダプタ	
HDMI 対応モニタ	
HDMI ケーブル	

第2章 最小構築手順

本章では、必要なものを一式揃えた状態から音声再生テストを行うまでの手順を説明します。

2.1 手順説明

最小構築手順では、microSD カードに raspberry pi の OS を書き込むところから本体で音声再生を行うまでの手順を紹介します。本章の手順は一般的な raspberry pi のセットアップ手順になります。

2.1.1 準備するもの

本章の手順を行う前に、次の準備が必要になります。

表 2.1: 最小構築手順で準備するもの

名称	備考（必須＝○）
raspberry pi 3B ／ 3B+	○
microSD カード	○
AC アダプタ・microUSB ケーブル	○（出力は 2.5A 以上推奨）
本体ケース・ファン	
ヒートシンク	
3.5mm 有線スピーカー	HDMI モニタから音声を出す場合は不要
LAN ケーブル	無線接続する場合は不要

raspberry pi 3B ／ 3B+

raspberry pi 3B ／ 3B+ はそれぞれにはモデルが二種類ありますが、element14 版 (イギリス版) と RS components 版 (日本版) の**どちらでも構いません。**2018 年 9 月時点での最新モデルは raspberry pi 3B+ で、3B と比較するとネットワークの性能が向上しています。(有線は Gigabit Ethernet サポート、無線は IEEE 802.11ac サポートがあり、特に後者により電子レンジと電波が干渉しないという利点があります。

microSD カード

raspberry pi には microSD カードの相性問題が存在し、種類によっては microSD カードが正常に動作しない場合が報告されています[1]。「raspberry pi microSD 相性」などで検索し、microSD

---

1. 筆者は東芝製／ Transcend 製の microSD カードを使用して 10 数回イメージ書き込みをしていますが、幸いなことに一度も相性問題は発生していません。

カード選定の参考にして下さい。

本体ケース・ファン

raspberry piのケースには数多く種類がありますが、raspberry pi本体の排熱に配慮されている
ものは実はそう多くありません。

排熱が行えないと正常に動作しない場合があるため、ファン取り付け可能なケースをお薦めし
ます[2]。

2.1.2　手順実施前に決めること

次の項目を予め設定しておく必要があります。

表2.2: 手順実施前に決めること

項目	対応する章・節
パスワード (root)	「2.4.1 ユーザ設定(rootパスワード変更)」
ユーザ名 (radiberry pi!ユーザ)	「2.4.2 ユーザ設定(新規ユーザ追加)」
パスワード (radiberry pi!ユーザ)	「2.4.2 ユーザ設定(新規ユーザ追加)」
ユーザ名 (旧piユーザ)	「2.4.3 piユーザの変更」
パスワード (旧piユーザ)	「2.4.3 piユーザの変更」

本書ではradiberry pi!用のユーザ名を **radipi**、旧piユーザのユーザ名を **expi** としています。
設定手順やスクリプトにはこれらのユーザ名が入っているため、ユーザ名を **radipi** や **expi** と
異なる名前を設定する場合は、**適宜ユーザ名の置き換えを行って下さい。**
本章以外にも手順実施前に決める設定値があるため、付録C「radiberry pi!パラメータシー
ト」にまとめています。

2.2　イメージ書き込み

raspberry piを使うためには、raspberry pi用のOSイメージを書き込んだmicroSDカードを
作成する必要があります。本書では、microSDカードへのOSイメージ書き込みに **WindowsPC**
の使用を想定しています。Windows以外の入ったPCでイメージ書き込みを行う場合、各OSに
適した書き込みツールで書き込みを行って下さい。

2.2.1　イメージのダウンロード

raspberry piのサイト[3]からイメージファイルをダウンロードします。

2.筆者が使用しているのは「Raspberry Pi B+/2 Acrylic Enclosure w/ CPU Fan(114990129)」(マルツ)と「Raspberry Pi 3 and Raspberry Pi 2 Model B MINI ファン付
アクリルケース (0710824986120)」(Eleduino) です。どちらもパーツだけ入った状態で発送されるため、組み立てる必要があります。組み立て手順が無い場合は、Amazon
の商品ページの写真などをよく見て組み立てましょう。裏表間違い、剥離紙の剥がし忘れに注意。

3.https://www.raspberrypi.org/downloads/raspbian/

「**RASPBIAN STRETCH WITH DESKTOP**」の Download ZIP を選択してイメージファイルをダウンロードし、iso ファイルに解凍します。

図2.1: イメージダウンロード画面

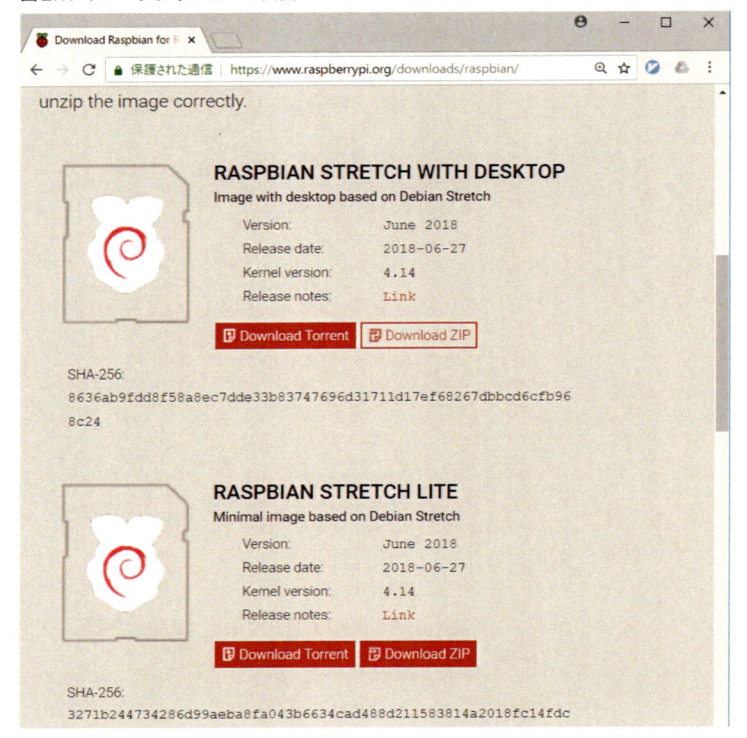

2.2.2　イメージの書き込み

　イメージの書き込みを行うため、**Win32 Disk Imager** をダウンロード／インストールします[4]。ツールの準備が出来たら、未使用の microSD カードをセットして Win32 Disk Imager を起動し、「Image File」の欄でダウンロードしたイメージを指定します。

4.https://sourceforge.net/projects/win32diskimager/files/latest/download

図2.2: 書き込むイメージの指定

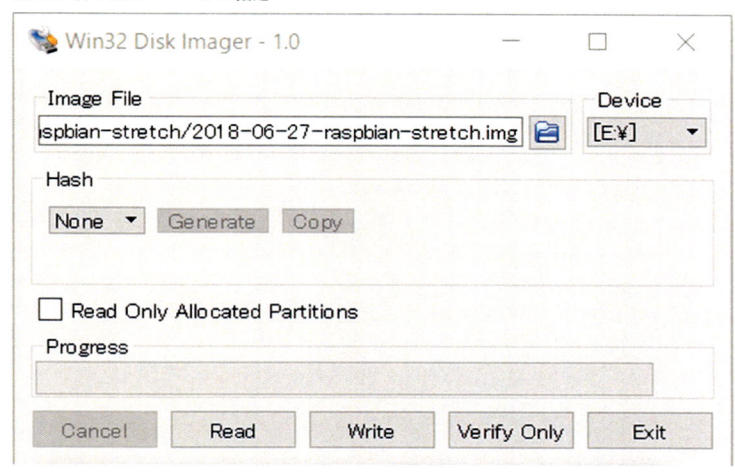

「Device」にmicroSDカードと対応するドライブレターを設定したら「Write」を押下し、確認ダイアログでYesを選択します。

図2.3: イメージ書き込みの最終確認ダイアログ

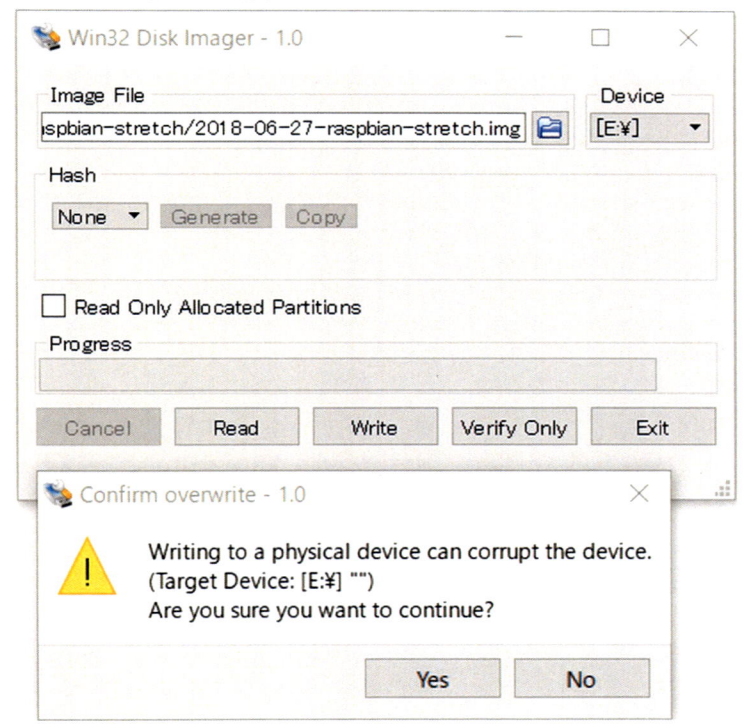

2.3 raspi-config コマンド

　イメージの書き込みが終わったら、いよいよ microSD カードを raspberry pi の本体に挿して電源を入れましょう。電源が入ったら、raspi-config コマンドで OS の基本的な設定を行います。

　OS イメージが新しい場合は起動直後に各種設定を行うためのダイアログが出てくるのですが、本書では raspi-config での設定手順を推奨します。

2.3.1　raspberry pi セットアップ

　「2.2 イメージ書き込み」で作成した microSD カードを取り出し、raspberry pi の本体にセットします。raspberry pi を上下逆さまにし、microSD カードは表の向きで microSD カードスロットに入れます。

　次の機器を全て raspberry pi 本体に接続した後に、電源を投入します。

・AC アダプタ（USB ポートがある場合は microUSB ケーブルを本体に接続）

・HDMI ケーブル、HDMI モニタ

・USB マウス

・USB キーボード

　モニタと raspberry pi を使用するので、少なくとも AC 電源の差し込み口が 2 つ必要です。図2.4 はセットアップの様子を撮影したものです。

　図 2.5 は raspberry pi の結線が完了した状態を上から撮影したもので、本体にケースと冷却用ファンの取り付けも行っています。

図 2.4: セットアップの準備

図2.5: raspberry pi の結線図

　電源を投入して正常に起動出来た場合は、モニタ左上にraspberry piのロゴが並びます。(表示されない場合はイメージの書き込みに失敗している恐れがあります。)

図2.6: 電源投入直後の画面

　OSが起動出来たら、次のようなダイアログが出てきます。

　このダイアログで基本設定を行うことも出来るのですが、本書ではraspi-configでの設定手順を推奨しますのでこのダイアログは閉じます。

図 2.7: OS 起動直後の画面

2.3.2 raspi-config の画面表示

設定画面を表示するため、画面上部にある LXTerminal をクリックしてターミナルを起動します。

図 2.8: ターミナル起動

起動したターミナル上で次のコマンドを実行すると、raspi-config 画面が表示されます。

```
sudo raspi-config
        'raspberry'を入力(piユーザのデフォルトパスワード)
```

図 2.9: raspi-config 画面

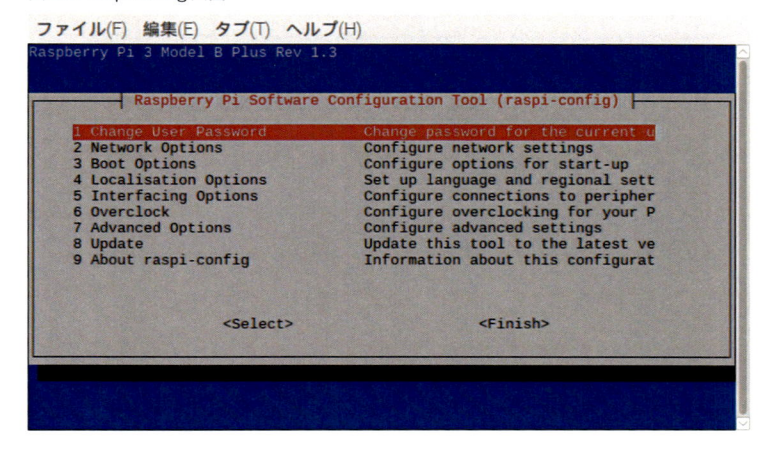

2.3.3 raspi-config 設定

図2.9で設定項目を選択することにより、OSの基本設定を進めていきます。

raspi-config画面の**カーソル移動は矢印／Tabキー、選択はEnter／Spaceキー**で行います。

リスト 2.1: raspi-config で設定する項目と設定内容

```
3 Boot Options -> B1 Desktop / CLI
        B3 Desktop


4 Localisation Options -> I1 Change Locale
        Locale:ja_JP.UTF-8 UTF-8
        Default locale for the system environment:ja_JP.UTF-8


4 Localisation Options -> I2 Change Timezone
        Geographic area:Asia
        Time zone:Tokyo


4 Localisation Options -> I3 Change Keyboard Layout
        Keyboard model:Generic 105-key (Intl) PC
        Keyboard layout:Other
        Country of origin for the keyboard:Japanese
        Keyboard layout:Japanese
        Key to function as AltGr:The default for the keyboard
layout
        Compose key:No compose key
        Use Control+Alt+Backspace to terminate the X server?:No
```

```
7 Advance Options -> A1 Expand Filesystem
```

それぞれ、設定している内容は次の通りです。

表 2.3: raspi-config 設定項目

設定項目	設定内容
3 Boot Options -> B1 Desktop / CLI	電源起動時の起動モード
4 Localisation Options -> I1 Change Locale	言語設定
4 Localisation Options -> I2 Change Timezone	時刻設定
4 Localisation Options -> I3 Change Keyboard Layout	キーボード設定
7 Advance Options -> A1 Expand Filesystem	microUSB の容量開放

設定が終わったら <**Finish**> を選択します。

続けて表示される [**Would you like to reboot now?**] で Yes を選択し、raspberry pi を再起動すると設定が反映されます。

2.4 ユーザ設定

ここまでの手順は、初回電源投入時に自動でログインする pi ユーザで実施しています。

pi ユーザ/root ユーザのパスワードはデフォルトで決まっているため、パスワード等の変更を行う必要があります。本書では、セキュリティ対策として次の設定を行います。

- root パスワード変更
- radiberry pi!用ユーザ(radipi ユーザ)の新規作成
- pi ユーザのパスワード変更／ユーザ名変更(pi → expi)

本書の設定コマンドの大部分は、本節で追加する radipi ユーザで実施します。本節で設定するパスワードはこの後の設定手順で使用するため、忘れないよう注意して下さい。

2.4.1 ユーザ設定 (root パスワード変更)

「2.3.3 raspi-config 設定」から引き続き実施する場合、ログイン画面に **pi/raspberry** を入力しログインします。再度ターミナルを起動し、次のコマンドを実行します。

事前に決めた root パスワード(「2.1.2 手順実施前に決めること」)を入力して下さい。

```
sudo passwd root
```

||||||||||||||||||||||||||||||||||||||||||||||||||||||||||||||||||||||||||||||||||||||||||||||||||||||||||||||||||

【動作確認】 root パスワード変更

su コマンドと設定したパスワードの入力により、root ユーザに切り替わること

図2.10: root パスワード変更確認画面

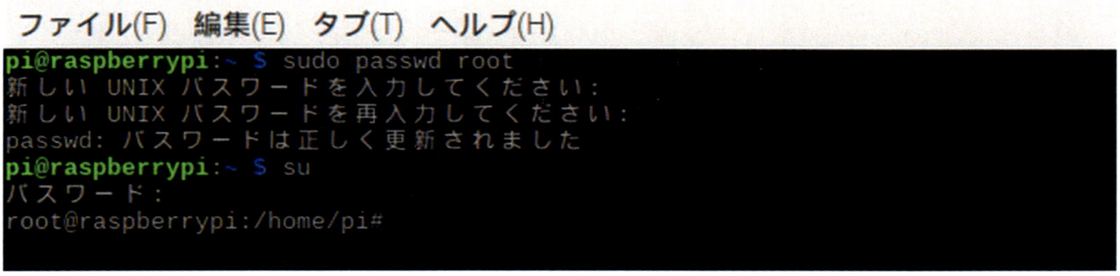

```
ファイル(F)  編集(E)  タブ(T)  ヘルプ(H)
pi@raspberrypi:~ $ sudo passwd root
新しい UNIX パスワードを入力してください:
新しい UNIX パスワードを再入力してください:
passwd: パスワードは正しく更新されました
pi@raspberrypi:~ $ su
パスワード:
root@raspberrypi:/home/pi#
```

|||||||||||||||||||||||||||||||||||||||||||||||||||||||||||||||||||||||||||||||||||||||||||||||||||||||||||||||||

2.4.2　ユーザ設定 (新規ユーザ追加)

次の手順により、radiberry pi!用ユーザ（本書ではradipiユーザ）を追加します。

```
sudo adduser radipi
        （パスワード等を設定。パスワード以外は全て空欄でも可）
groups pi
sudo usermod -G pi,adm,dialout,........,gpio radipi
        （'groups pi'で出力された各グループ名を全てカンマ区切りで入力する）
```

図2.11: 新規ユーザ追加時

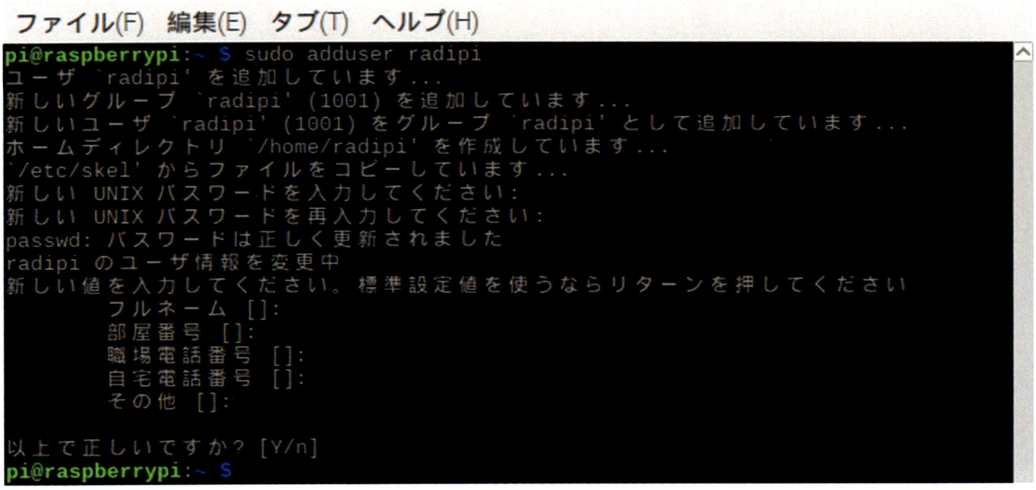

```
ファイル(F)  編集(E)  タブ(T)  ヘルプ(H)
pi@raspberrypi:~ $ sudo adduser radipi
ユーザ `radipi' を追加しています...
新しいグループ `radipi' (1001) を追加しています...
新しいユーザ `radipi' (1001) をグループ `radipi' として追加しています...
ホームディレクトリ `/home/radipi' を作成しています...
`/etc/skel' からファイルをコピーしています...
新しい UNIX パスワードを入力してください:
新しい UNIX パスワードを再入力してください:
passwd: パスワードは正しく更新されました
radipi のユーザ情報を変更中
新しい値を入力してください。標準設定値を使うならリターンを押してください
        フルネーム []:
        部屋番号 []:
        職場電話番号 []:
        自宅電話番号 []:
        その他 []:

以上で正しいですか? [Y/n]
pi@raspberrypi:~ $
```

図 2.12: radipi ユーザのグループ確認

```
ファイル(F)  編集(E)  タブ(T)  ヘルプ(H)
pi@raspberrypi:~ $ groups pi
pi : pi adm dialout cdrom sudo audio video plugdev games users input netdev spi
i2c gpio
pi@raspberrypi:~ $ sudo usermod -G pi,adm,dialout,cdrom,sudo,audio,video,plugdev
,games,users,input,netdev,spi,i2c,gpio radipi
pi@raspberrypi:~ $ groups radipi
radipi : radipi adm dialout cdrom sudo audio video plugdev games users input net
dev pi spi i2c gpio
pi@raspberrypi:~ $ 
```

||||||||||||||||||||||||||||||||||||||||||||||||||||||||||||||||||||||||||||||||||||||||||||||||||||

【動作確認】 radipiユーザのグループ確認

'groups radipi' コマンドと 'groups pi' コマンドの差異が、pi グループ以外同じになること (図 2.12
参照)

||||||||||||||||||||||||||||||||||||||||||||||||||||||||||||||||||||||||||||||||||||||||||||||||||||

2.4.3 pi ユーザの変更

　※**本節の手順は、rootユーザでログインして実施して下さい。**
(**Menu -> Shutdown** を選択し再起動、もしくはターミナルで **sudo reboot** を実行)

　ログイン画面が表示されたら、プルダウンメニューから**その他**を選択し root ユーザでログイン
します。

図 2.13: root ユーザでのログイン

ログイン後にターミナルを起動し、次の手順を実行します。

```
usermod -l expi pi
usermod -d /home/expi -m expi
groupmod -n expi pi
passwd expi
rm /etc/sudoers.d/010_pi-nopasswd
```

〰〰〰〰〰〰〰〰〰〰〰〰〰〰〰〰〰〰〰〰〰〰〰〰〰〰〰〰〰〰〰

【動作確認】 piユーザからexpiユーザへ変更

1. 'ls /home' でexpi ディレクトリが表示されること

2. 'groups radipi' でexpi が表示されること

図2.14: piユーザ->expiユーザ変更時

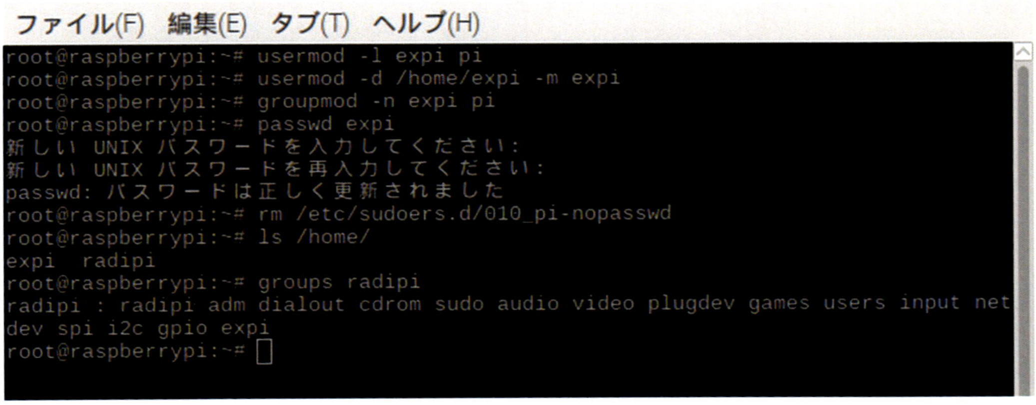

```
ファイル(F) 編集(E) タブ(T) ヘルプ(H)
root@raspberrypi:~# usermod -l expi pi
root@raspberrypi:~# usermod -d /home/expi -m expi
root@raspberrypi:~# groupmod -n expi pi
root@raspberrypi:~# passwd expi
新しい UNIX パスワードを入力してください:
新しい UNIX パスワードを再入力してください:
passwd: パスワードは正しく更新されました
root@raspberrypi:~# rm /etc/sudoers.d/010_pi-nopasswd
root@raspberrypi:~# ls /home/
expi  radipi
root@raspberrypi:~# groups radipi
radipi : radipi adm dialout cdrom sudo audio video plugdev games users input net
dev spi i2c gpio expi
root@raspberrypi:~# []
```

〰〰〰〰〰〰〰〰〰〰〰〰〰〰〰〰〰〰〰〰〰〰〰〰〰〰〰〰〰〰〰

2.5 ネットワーク設定

　raspberry pi本体を無線LANに接続しない場合は、本体とルータをLANケーブルで接続すれば完了です。

　無線LANに接続する場合は、「3.2 設定するインタフェースの選択」を確認の上、「3.3 無線接続(CUI)」か「3.4 無線接続(GUI)」の手順を参照・実施して下さい。

　本節以降のターミナル画面は、本体のネットワーク接続を行いWindows端末からteratermでSSH接続（「3.5 SSH接続」）を行った際の画面となっています。これは執筆の都合で変更したものなので、これまで通りraspberry piの端末画面でコマンド操作を行って差し支えありません。

2.6 パッケージ更新処理

「2.4.3 pi ユーザの変更」から引き続き手順を実施している場合、ログアウト／再起動して**radipi**ユーザでログインして下さい。ターミナルにて次のコマンドを実行します。ネットワーク速度にも左右されますが、2つの更新処理が完了するまで10分ほど待機します[5]。

```
sudo apt-get update
sudo apt-get upgrade
```

radipi ユーザで初めて sudo コマンドを実行する時だけ、図2.15のような案内が表示されます。一読した上で[6]、パスワードを入力して下さい。

図 2.15: 手動更新時

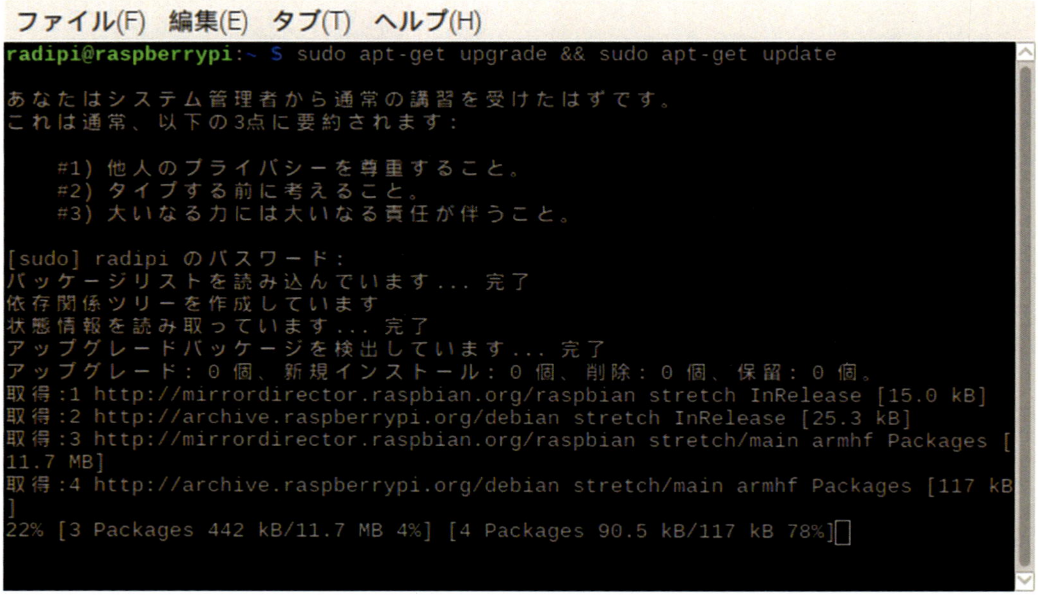

2.7 日本語入力環境

必要に応じて、次のコマンドで日本語入力環境を設定します。

```
%日本語フォントインストール
sudo apt-get install -y ttf-kochi-gothic xfonts-intl-japanese
xfonts-intl-japanese-big xfonts-kaname
```

---

5. パッケージ更新処理の前に 'rpi-update' を実施し、ファームウェアを更新する手順がインターネット上にありますが本書では推奨しません。これはデフォルトで入っているファームウェアは安定版であり、安定版から最新版に更新することにより動作が不安定になる可能性があるためです。
6. 読んだところでいずれ何も考えずに sudo コマンドを打つようになってしまうと思います。

```
%日本語入力パッケージ
sudo apt-get install -y uim uim-anthy uim-mozc

%日本語対応ターミナル
sudo apt-get install -y jfbterm
```

||||||||||||||||||||||||||||||||||||||||||||||||||||||||||||||||||||||||||||||||||||||||||||||||||||
【動作確認】 日本語入力環境
ターミナルを立ち上げて日本語入力・日本語表示が行えること
||||||||||||||||||||||||||||||||||||||||||||||||||||||||||||||||||||||||||||||||||||||||||||||||||||

2.8　音声出力確認

　音声出力を確認します。HDMIモニタで再生する場合はそのまま、3.5mmスピーカーで再生する場合はイヤホンジャックを本体に挿し、次の手順により音声出力を確認します。本書全体で使用するリソースをここで取得するため、「2.8.1 事前準備」は**必ず実施して下さい。**

2.8.1　事前準備

　本書で使用するスクリプトをGitHub上の著者のレポジトリから取得します。また音声再生のため、mpvパッケージをインストールします。（setupScriptDir.shの出力結果は、レポジトリ更新に伴って変更される可能性があります。）

```
sudo apt-get install -y mpv
cd
mkdir -p Repository; cd Repository
git clone https://github.com/sickleaf/radipiScript.git
cd radipiScript
sh setupScriptDir.sh
```

```
radipi@raspberrypi:~/Repository $ git clone https://github.com/sickleaf/radipiScript.git
Cloning into 'radipiScript'...
remote: Counting objects: 192, done.
remote: Compressing objects: 100% (25/25), done.
remote: Total 192 (delta 15), reused 28 (delta 10), pack-reused 156
Receiving objects: 100% (192/192), 37.93 KiB | 0 bytes/s, done.
Resolving deltas: 100% (94/94), done.
radipi@raspberrypi:~/Repository $ cd radipiScript/
radipi@raspberrypi:~/Repository/radipiScript $ sh setupScriptDir.sh
######################################
<< setupScriptDir.sh>> setup START.
######################################
[make directory] /home/radipi/Script
[copy] /home/radipi/Repository/radipiScript/script/config.sh -> /home/radipi/Script/config.sh
[copy] /home/radipi/Repository/radipiScript/script/function.sh -> /home/radipi/Script/function.sh
[copy] /home/radipi/Repository/radipiScript/script/getMp3Name.sh -> /home/radipi/Script/getMp3Name.sh
[copy] /home/radipi/Repository/radipiScript/script/getStationID.sh -> /home/radipi/Script/getStationID.sh
[copy] /home/radipi/Repository/radipiScript/script/killsound.sh -> /home/radipi/Script/killsound.sh
[copy] /home/radipi/Repository/radipiScript/script/loginInfo.sh -> /home/radipi/Script/loginInfo.sh
[copy] /home/radipi/Repository/radipiScript/script/mpvSocket.sh -> /home/radipi/Script/mpvSocket.sh
[copy] /home/radipi/Repository/radipiScript/script/playByTime.sh -> /home/radipi/Script/playByTime.sh
[copy] /home/radipi/Repository/radipiScript/script/playFM.sh -> /home/radipi/Script/playFM.sh
[copy] /home/radipi/Repository/radipiScript/script/playLocalfile.sh -> /home/radipi/Script/playLocalfile.sh
[copy] /home/radipi/Repository/radipiScript/script/playStreaming.sh -> /home/radipi/Script/playStreaming.sh
[copy] /home/radipi/Repository/radipiScript/script/playradiko.sh -> /home/radipi/Script/playradiko.sh
[copy] /home/radipi/Repository/radipiScript/script/setMasterVolume.sh -> /home/radipi/Script/setMasterVolume.sh
[copy] /home/radipi/Repository/radipiScript/script/setVolume.sh -> /home/radipi/Script/setVolume.sh
[copy] /home/radipi/Repository/radipiScript/script/timefree.sh -> /home/radipi/Script/timefree.sh
[copy] /home/radipi/Repository/radipiScript/script/timefreeChild.sh -> /home/radipi/Script/timefreeChild.sh
[make directory] /home/radipi/Script/browserScript
[copy script] /home/radipi/Script/browserScript/*.sh -> /home/radipi/Script/browserScript/*.sh
[chmod] /home/radipi/Script/*.sh set permission as 755
[copy folder] /home/radipi/Repository/radipiScript/config -> /home/radipi/Script/config
######################################
<< setupScriptDir.sh>> setup COMPLETE.
######################################
radipi@raspberrypi:~/Repository/radipiScript $
```

2.8.2　音声出力確認

||||||||||||||||||||||||||||||||||||||||||||||||||||||||||||||||||||||||||||||||||||||||||||||||||||||||||||||||

【動作確認】 音声出力確認

次のスクリプトの実行により、音量調整と音声再生が行えること

||||||||||||||||||||||||||||||||||||||||||||||||||||||||||||||||||||||||||||||||||||||||||||||||||||||||||||||||

```
% 音量調整 (90%に設定する例)
sh script/setVolume.sh 90

% 音声再生 (YouTube上のファイルを再生、終了時はCtrl+C)
sh checkAudio.sh

% YouTubeのファイルが再生出来ない場合、代わりに次のコマンドを実行
aplay /home/expi/python_games/match1.wav
```

2.9 その他の設定

本節の手順は必須ではありませんが、実施しておくと便利な設定を紹介します。

2.9.1 ターミナルで大文字／小文字補完入力

次のコマンドにより、ファイル名・ディレクトリ名をタブ補完する際に大文字・小文字の関係なく補完することが出来ます。

```
sh -c 'echo set completion-ignore-case on' >
/home/radipi/.inputrc; bash
```

2.9.2 visudoのエディタ変更

sudoに関する設定ファイル(sudoersファイル)を編集する際に、デフォルトでnanoエディタが使われます。本手順ではこの編集時に使用するエディタをnanoからviに変更します。

```
sudo visudo
```

開いた内容に対し、次の行を追記します。

リスト2.2: sudoersファイルの末尾に追記する行

```
        Defaults    editor=/usr/bin/vi
```

追記が終わったら **Ctrl + X** → **Y** → **Enter** の順に入力して編集終了します。

第3章 モニタレス／ケーブルレス

本章ではraspberry piからHDMIモニタや有線LANケーブルを取り外すため、無線LAN接続／SSH接続／シリアル接続の設定手順を紹介します。

3.1 手順説明

3.1.1 準備するもの

本章の手順を実施するにあたって、次の準備が必要になります。

表3.1: モニタレス／ケーブルレス手順で準備するもの

名称	備考（必須＝○）
シリアル接続用ケーブル	○（「3.6 シリアル接続」を行う場合）
ジャンパワイヤ	○（「3.6 シリアル接続」を行う場合）
microUSBケーブル（データ転送用）	○（「3.6 シリアル接続」を行う場合）

シリアル接続用ケーブル・ジャンパワイヤ・microUSBケーブル

シリアル接続で使用出来るケーブルはいくつか種類がありますが、本書では**「FTDI USBシリアル変換アダプター Rev.2」(SWITCHSCIENCE)**[1]を使用します。アダプタとPC間はmicroUSBケーブルで、アダプタとraspberry pi間はジャンパワイヤで繋ぎます。これら一式を持ち運ぶとWi-Fiのない環境下でもログインしメンテナンスが可能です。

3.1.2 手順実施前に決めること

本章の手順を実施するにあたって、次の項目を決めておく必要があります。

表3.2: 手順実施前に決めること

項目	対応する章・節
空きのIPアドレス	「3.3.2 IPアドレス固定」, 「3.4 無線接続(GUI)」
ポート番号(1024〜65535のどれか)	「3.5 SSH接続」

※ポート番号の設定で、第10章「スケジュール実行」の手順を実施する場合は、8080番は設定しないようにして下さい。

---

[1].https://www.switch-science.com/catalog/2782/

3.2 設定するインタフェースの選択

「1.2 再生対象の定義」で示している通り、radiko含むストリーミング再生やオンラインファイルを再生する場合、ネットワークへの接続が必要になります。

GUI・CUI両方でのネットワーク接続手順を解説しているので、それぞれのメリット・デメリット・推奨ケースを参考にどちらで接続するか選択して下さい。

・**ターミナル・端末上で操作 (CUI)** → 「3.3 無線接続(CUI)」を実施

【メリット】
インターネット上に豊富に情報があるため、トラブル時の調査・対応が可能
シリアル接続と併用すると、モニタ無しでメンテナンスが可能

【デメリット】
CUIの設定手順と比べると設定が難しい

【オススメのパターン】
raspberry piに接続するケーブルを電源ケーブルのみにしたい
Linux/Unixの操作・設定にある程度慣れている

・**デスクトップ画面上で操作 (GUI)** → 「3.4 無線接続(GUI)」を実施

【メリット】
GUIの設定手順と比べると設定が簡単
アイコンを見ればネットワークトラブル発生中かどうかがすぐに分かる

【デメリット】
ネットワークのトラブル発生時、モニタが必ず必要

【オススメのパターン】
常にraspberry piにモニタ／キーボードを接続して使う
Linux/Unixの操作にあまり慣れていない

3.3 無線接続 (CUI)

CUIの操作で無線LANに接続する手順をそれぞれ示します。また固定IPアドレスにする手順も同時に行います。

本書で紹介するネットワーク接続の手順は、2018年9月時点で最新のOSイメージのもので

す。書き込みイメージのバージョンによっては手順が異なります[2]。

3.3.1 ネットワーク接続

ターミナルを開き、次のコマンドを実行します。（図3.1参照）

```
su - root
cp /etc/wpa_passphrase/wpa_supplicant.conf
/tmp/wpa_supplicant.conf
wpa_passphrase 《Wi-FiのSSID》 《Wi-Fiのパスフレーズ》 \
        >> /etc/wpa_supplicant/wpa_supplicant.conf
sed -i '/#psk=/d' /etc/wpa_supplicant/wpa_supplicant.conf
        (wpa_supplicant.conf内のパスフレーズを削除)
```

一旦ログアウトし[3]、コマンド履歴からパスフレーズの削除を行った後にネットワーク接続を行います。

```
exit
su - root
sed -i '/#wpa_passphrase/d' /root/.bash_history
        (コマンド履歴 (/root/.bash_history) 内のパスフレーズを削除)
service dhcpcd restart
```

---

2. OS(raspbian) のバージョンが Stretch でない場合、手順が異なります。例えば 1 つ前のバージョン（Jessie）では、IP アドレスの割当時に/etc/network/interface を編集する必要がありますが、Stretch にはこのファイルはありません。

3. ログアウトした後に、初めて実行したコマンドが.bash_history に記録されるためです。

図3.1: コマンド例（SSID は Wi-Fi_SSID,PASS は Wi-Fi_PASS）

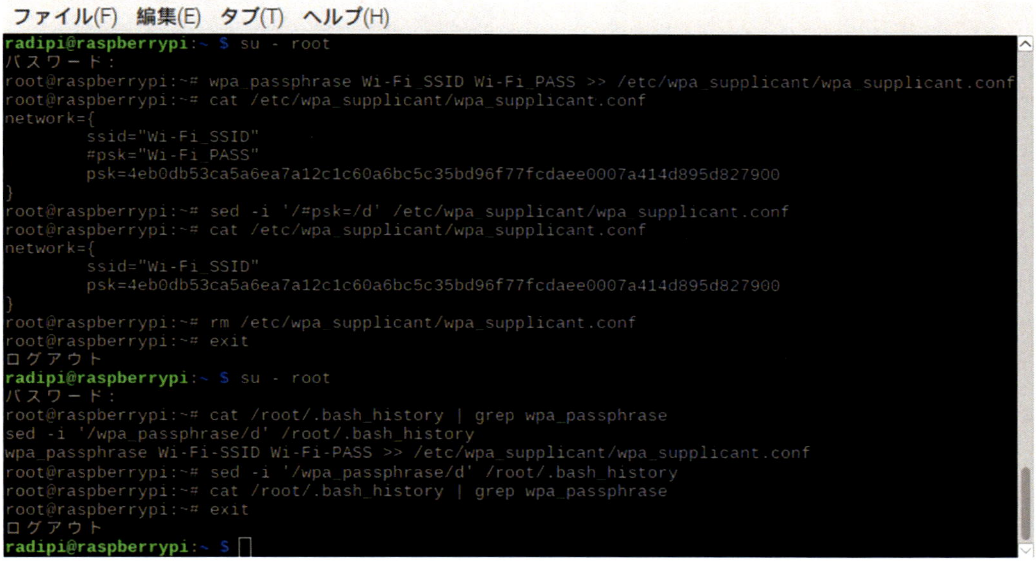

```
ファイル(F) 編集(E) タブ(T) ヘルプ(H)
radipi@raspberrypi:~ $ su - root
パスワード：
root@raspberrypi:~# wpa_passphrase Wi-Fi_SSID Wi-Fi_PASS >> /etc/wpa_supplicant/wpa_supplicant.conf
root@raspberrypi:~# cat /etc/wpa_supplicant/wpa_supplicant.conf
network={
        ssid="Wi-Fi_SSID"
        #psk="Wi-Fi_PASS"
        psk=4eb0db53ca5a6ea7a12c1c60a6bc5c35bd96f77fcdaee0007a414d895d827900
}
root@raspberrypi:~# sed -i '/#psk=/d' /etc/wpa_supplicant/wpa_supplicant.conf
root@raspberrypi:~# cat /etc/wpa_supplicant/wpa_supplicant.conf
network={
        ssid="Wi-Fi_SSID"
        psk=4eb0db53ca5a6ea7a12c1c60a6bc5c35bd96f77fcdaee0007a414d895d827900
}
root@raspberrypi:~# rm /etc/wpa_supplicant/wpa_supplicant.conf
root@raspberrypi:~# exit
ログアウト
radipi@raspberrypi:~ $ su - root
パスワード：
root@raspberrypi:~# cat /root/.bash_history | grep wpa_passphrase
sed -i '/wpa_passphrase/d' /root/.bash_history
wpa_passphrase Wi-Fi-SSID Wi-Fi-PASS >> /etc/wpa_supplicant/wpa_supplicant.conf
root@raspberrypi:~# sed -i '/wpa_passphrase/d' /root/.bash_history
root@raspberrypi:~# cat /root/.bash_history | grep wpa_passphrase
root@raspberrypi:~# exit
ログアウト
radipi@raspberrypi:~ $ 
```

||||||||||||||||||||||||||||||||||||||||||||||||||||||||||||||||||||||||||||||||||||||||||||||||||||||||||||||||||||||

【動作確認】 ネットワーク接続

'ping www.google.co.jp'を実行し、応答が返ってくること

(成功したらCtrl+Cで終了)

||||||||||||||||||||||||||||||||||||||||||||||||||||||||||||||||||||||||||||||||||||||||||||||||||||||||||||||||||||||

3.3.2 IPアドレス固定

vi などのエディタで、次の4行を **/etc/dhcpcd.conf** の末尾に追記します。

リスト3.1: /etc/dhcpcd.conf (追記する差分)

```
interface wlan0
static ip_address=《空きのIPアドレス》/《サブネットマスク》
static routers=《ルーターのIPアドレス》
static domain_name_servers=《DNSのIPアドレス》
```

最後に設定を反映させます。

```
sudo service dhcpcd restart
```

【動作確認】 IPアドレス固定

ターミナルで 'hostname -I'を実行すると、設定したIPアドレスが表示されること

||||||||||||||||||||||||||||||||||||||||||||||||||||||||||||||||||||||||||||||||||||||||||||||||||||||||||||||||||||||||||||||

3.4 無線接続 (GUI)

　GUIの操作で無線LANに接続する手順をそれぞれ示します。また、固定IPアドレスにする手順も同時に行います。

　モニタを接続してradipiユーザかrootユーザでログインし、デスクトップ画面右上のWi-Fiアイコンを右クリックし、**Wireless & Wired Network Settings**を選択します。

図3.2: Wi-Fi画面（設定項目入力）

　表示された画面に対して、次の項目を設定します。

表3.3: Wi-Fi画面の設定内容

内容	設定値	備考
Configure	interfaceからSSIDに変更し、接続するSSIDを選択	
Automatically configure empty options	チェックを入れる	
IPv4 Address	固定のIPアドレス	IPアドレスを固定する場合入力
Router	ルーターのIPアドレス	IPアドレスを固定する場合入力
DNS Servers	DNSサーバーのIPアドレス	IPアドレスを固定する場合入力

　入力が完了したら「適用」を押下し、Wi-Fiアイコンを選択してSSIDに接続します。最後に表示されたダイアログにWi-Fiパスワードを入力して終了です。

||||||||||||||||||||||||||||||||||||||||||||||||||||||||||||||||||||||||||||||||||||||||||||||||||||||||||||||||
【動作確認】 無線接続

ブラウザを開き、"www.google.co.jp"にアクセス出来ること
||||||||||||||||||||||||||||||||||||||||||||||||||||||||||||||||||||||||||||||||||||||||||||||||||||||||||||||||

3.5　SSH接続

　SSHを有効にした後、セキュリティを高めるためにSSH接続ポートを22番から別の番号に変更します。

3.5.1　SSH有効化

　「2.3 raspi-configコマンド」の手順を再度実施します。ターミナルを開いてraspi-configを実行し、次の設定でSSHを有効にします。

リスト3.2: SSHを有効にするraspi-config設定

```
5 Interfacing Options -> P2 SSH
        Would you like the SSH server to be enabled?:Yes
```

3.5.2　SSH設定変更

　次のコマンドによりポート番号を変更しサービスを再起動します。ここではSSHで使用する

ポートを23456としています[4]。

```
sudo sed -i 's/#Port 22/Port 23456/' /etc/ssh/sshd_config
sudo service ssh restart
```

||||||||||||||||||||||||||||||||||||||||||||||||||||||||||||||||||||||||||||||||||||||||||||||||||||
【動作確認】 SSH設定変更

raspberry piに接続するクライアント側から、次の情報を入力してSSH接続が行えること。
(Teraterm等のソフトを利用するのも可)

1. 設定したSSHポート

2. raspberry piのIPアドレス

3. 接続するユーザ（radipi、rootなど）

4. 接続するユーザのパスワード

||||||||||||||||||||||||||||||||||||||||||||||||||||||||||||||||||||||||||||||||||||||||||||||||||||

3.6　シリアル接続

　本節で行うraspberry piへのシリアル接続はTeraterm[5]インストール済みの**Windows端末**から行う前提としています。別のターミナルソフト・OSを使用する場合、手順を適宜読み替えて実施して下さい。

3.6.1　シリアル接続有効化

　SSHと同じく、「2.3 raspi-configコマンド」の手順によりシリアル接続を有効にします。

　ターミナルを開きraspi-configにより次の設定を行い、**再起動**します。

リスト3.3: シリアル接続を有効にするraspi-config設定

```
5 Interfacing Options -> P6 Serial
        Would you like a login shell to be accessible over
serial?:Yes
```

3.6.2　アダプタの接続

　ジャンパワイヤを経由して、raspberry pi本体とアダプタを接続します。

　アダプタ本体に付いている5Vと3.3Vの切り替えを行うジャンパがありますが、**3.3V側の**

4.sedで設定ファイルを書き換えていますが、テキストエディタで/etc/ssh/sshd_configを直接編集しても構いません。

5.https://osdn.net/projects/ttssh2/releases/

設定（5V付近のピンが空いている状態）にします。

　アダプタ側のGNDはraspberry pi側のGND(pin 6)[6]、アダプタ側のTXはraspberry pi側の RX(pin 8)、アダプタ側のRXはraspberry pi側のTX(pin 10)に接続します。 図3.3を参考に、そ れぞれジャンパワイヤを接続して下さい。

図3.3: raspbery pi とアダプタの接続

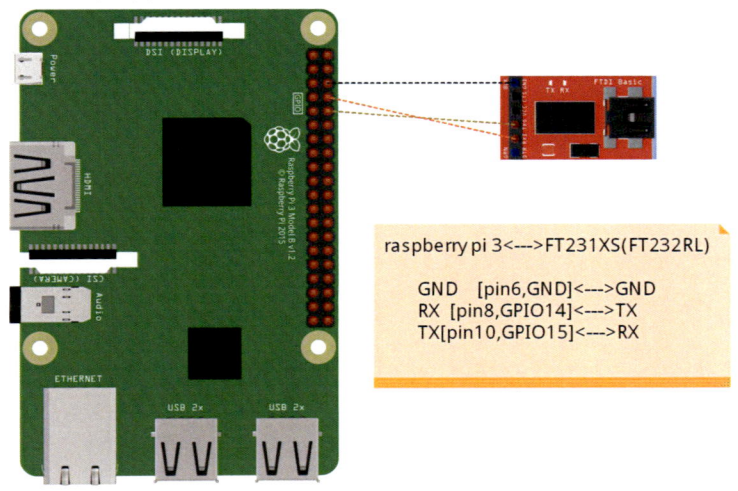

3.6.3　ターミナルソフト (Teraterm) から接続

　アダプタにmicroUSBケーブルを挿し、PCのUSBポートと接続が終わったら、PC側で **ttermpro.exe**を起動します。

　表示されたダイアログから「**Serial**」を選択し、プルダウンメニューからアダプタに該当す るCOMポートを選択しOKを押します。次にボーレートの設定をします。設定-> シリアルポー トを選択し、「ボーレート」の値を**115200**に設定しOKを押します。

　最後にEnterを押下するとログイン画面が表示され、ユーザ名／パスワードを入力するとロ グイン出来ます。

6.pin 6,8,10 が横に並んでいるため、3 本のジャンパワイヤを接着剤で固定して使用すると接続時に便利です。このことから、本書では raspberry pi 側の GND は pin 6 を推奨 します。

第4章 ストリーミング再生

本章では、radikoを含むストリーミング音声を再生するための手順を紹介します。

4.1 手順説明

4.1.1 準備するもの

本章の手順を実施するにあたって、次の準備が必要になります。

表4.1: ストリーミング再生で準備するもの

名称	備考（必須＝○）
radiko プレミアムアカウント	○（radikoでエリア外の放送局を再生する場合）

radiko プレミアムアカウント

インターネット上でラジオを聴くことが出来るradiko。生放送をそのまま再生するストリーミングの他に、過去1週間の番組を後から再生出来るタイムフリー機能が利用できます。2018年9月現在、無料のサービスと月額350円（税込み）のフリーミアムサービス(radiko プレミアム)があります。radikoでは接続元の都道府県によって再生出来る局が決まっていますが、radikoプレミアムではそのエリア制限を超えて全てのradiko加盟局[1]を再生出来ます。是非加入しましょう！

4.1.2 手順実施前に決めること

本章の手順を実施するにあたって、次の項目を決めておく必要があります。

表4.2: 手順実施前に決めること

項目	対応する章・節
再生するラジオ局(radiko 加盟局)	「4.2 radiko 加盟局」
再生するストリーミングURL	「4.3 ストリーミングURL」
ラジオ局タイムテーブル	「4.4 radiko タイムテーブル再生」

---

[1] 現時点でradiko 非加盟の局は、(1)FM 岡山、(2) エフエム山陰 (V-air)、(3) エフエム佐賀 (FMS)、(4) エフエム山形 (Rhythm Station)、(5) エフエム徳島、(6) エフエム高知 (Hi-Six)、(7) エフエム秋田 (AFM)、(8) エフエム宮崎 (JOY FM)、(9)NBC ラジオ佐賀の 9 局。また NHK ラジオは試験配信の扱いのため、厳密には radiko に非加盟のため、再生は出来ますが「4.2.3 radiko タイムフリー再生」は利用出来ません

4.2　radiko加盟局

　本章ではradikoを再生する手順と、それ以外のストリーミングを再生する手順の2つを紹介します。radiberry pi!で再生するデータが後者のみの場合（**radikoを再生しない場合**）、**本節は飛ばして構いません。**

　まずradikoの再生に必要なパッケージを、次のコマンドでインストールします。

```
sudo apt-get install -y swftools libxml2-utils
```

4.2.1　radikoアカウント情報の反映

　radikoプレミアムに登録しているユーザは自分が住んでいるエリア外のラジオ局を再生することが出来ます。エリア外の局を再生しない場合、本手順は不要です。

　アカウント情報はメールアドレスとパスワードをそれぞれ別々に設定します。ここでは、メールアドレスを **radiko350@gmail.com**、パスワードを **radikopass** とします。

　メールアドレスは、/home/radipi/Script/config.shの設定行に反映します[2]。

```
cd /home/radipi/Script
sed -i "/mail/s/mail=.*/mail=radiko350@gmail.com/g" config.sh
```

　パスワードは、暗号化して保存しておき、読み込むたびに復号を行います。

```
cd
mkdir -p radikoInfo; cd radikoInfo;
echo "radikopass" > tmp.txt
ssh-keygen -t rsa -f seckey -q -P ""
openssl rsautl -encrypt -inkey seckey -in tmp.txt > cipher
rm tmp.txt
```

　パスワードがコマンド履歴に残ってしまうため、一度ログアウトしてコマンド履歴からパスワードを削除します。

```
exit
(再度radipiユーザでログイン)
sed -i '/echo/d' /home/radipi/.bash_history
        (コマンド履歴(/home/radipi/.bash_history)内のパスフレーズを削除)
```

---

2. この手順では敢えて sed で設定していますが、単純にメールアドレスを書くだけなのでエディタで編集・追記しても構いません。

||||||||||||||||||||||||||||||||||||||||||||||||||||||||||||||||||||||||||||||||||||||

【動作確認】 パスワード確認

openssl rsautl -decrypt -inkey /home/radipi/radikoInfo/seckey -in /home/radipi/radikoInfo/
cipherを実行するとパスワードが表示されること

図4.1: パスワードの暗号化・復号化

```
radipi@raspberrypi:~ $ mkdir -p radikoInfo; cd radikoInfo;
radipi@raspberrypi:~/radikoInfo $ echo "radikopass" > tmp.txt
radipi@raspberrypi:~/radikoInfo $ ssh-keygen -t rsa -f seckey -q -P ""
radipi@raspberrypi:~/radikoInfo $ openssl rsautl -encrypt -inkey seckey -in tmp.txt > cipher
radipi@raspberrypi:~/radikoInfo $ rm tmp.txt
radipi@raspberrypi:~/radikoInfo $ cd
radipi@raspberrypi:~ $ openssl rsautl -decrypt -inkey /home/radipi/radikoInfo/seckey -in /home/radipi/radikoInfo/cipher
radikopass
radipi@raspberrypi:~ $
```

||||||||||||||||||||||||||||||||||||||||||||||||||||||||||||||||||||||||||||||||||||||

4.2.2　radikoストリーミング再生

再生するためのスクリプトは「2.8.1 事前準備」で既に配置済みのため動作確認を行います。

||||||||||||||||||||||||||||||||||||||||||||||||||||||||||||||||||||||||||||||||||||||

【動作確認】 radikoストリーミング再生

/home/radipi/Script/playradiko.sh -p HOUSOU-DAIGAKUを実行すると音声が再生されること
(再生出来たらCtrl+Cで終了)

||||||||||||||||||||||||||||||||||||||||||||||||||||||||||||||||||||||||||||||||||||||

ここでは、国内ならどこでも再生可能な放送大学を指定しています。radikoプレミアムユー
ザの場合は、エリア外の放送局も指定可能です。

別の局IDを指定する場合は、付録A「地域別民放ラジオ局リスト」を参考に、お住まいの地
域が該当するエリア内のradiko対応の放送局から選択して下さい。

うまく音声が再生されない場合、次の項目を確認して下さい。

||||||||||||||||||||||||||||||||||||||||||||||||||||||||||||||||||||||||||||||||||||||

【動作確認】 エラー時の確認項目

・放送大学の番組休止時間中である（深夜0時頃〜朝5時）
・raspberry piがインターネットに接続されていない
・raspberry piにスピーカーが接続されていない
・音量が小さい（「2.8.2 音声出力確認」のコマンドを参照)
・エリア外で聴取出来ない放送局IDを指定している
・規定の一時ディレクトリが存在しない (/var/tmp)

・config.sh にメールアドレスを指定していない (radiko プレミアムの場合)

・ディスクの空き容量が極端に少ない

||||||||||||||||||||||||||||||||||||||||||||||||||||||||||||||||||||||||||||||||||||||||||||

4.2.3 radiko タイムフリー再生

radiko のタイムフリーでは、1週間以内のラジオ番組を再生することが出来ます[3]。まず次の
コマンドにより、必要なパッケージの追加インストールを行います。

```
sudo apt-get install -y gpac
```

radiko ストリーミング再生と同様、スクリプトは既に配置済みです。

タイムフリースクリプトには、次の3つの引数を指定します。

表 4.3: タイムフリースクリプトの引数

引数	備考
(1) 放送局 ID	付録参照
(2) 開始時間	YYYYMMDDHHMMSS 形式 (年・月・日・時・分・秒) で入力
(3) 終了時間	(同上)

※開始時間の引数で入力可能な時刻は、コマンド実行時を基準に**1週間前から当日**の間です。

||||||||||||||||||||||||||||||||||||||||||||||||||||||||||||||||||||||||||||||||||||||||||||
【動作確認】 radiko ストリーミング再生

/home/radipi/Script/timefree.sh 《放送局 ID》 《開始時間》 《終了時間》を実行すると音声が
再生されること

例： /home/radipi/Script/timefree.sh LFR 20180901010000 20180901030000

||||||||||||||||||||||||||||||||||||||||||||||||||||||||||||||||||||||||||||||||||||||||||||

このスクリプトではファイル取得と再生を同時に行っています。スクリプトの仕様上、音が
途切れる瞬間が2回ありますので注意して下さい[4]。

音声が再生されない場合、次のチェック項目に該当していないか確認して下さい。

---

3. 一部の番組はタイムフリー非対応です。具体的には一部のスポーツ中継や政見放送、番組では安住紳一郎の日曜天国やテレフォン人生相談などの番組は、2018 年 9 月時点で
はタイムフリーで再生出来ません。
4. 開始時間から終了時間まで全て取得すると時間が掛かるため、開始時間〜終了時間を途中で区切って再生と取得を同時並行する作りになっているため音が途切れます。具体的
には、再生時間から 1 分までと、開始 1 分〜 9 分までの 2 箇所で途切れます。

II

【動作確認】 エラー時の確認項目

・開始時間・終了時間が現在以降の時刻を指定している

・指定した時間帯が放送休止になっている

・存在しない放送局IDを指定している

・エリア外で聴取出来ない放送局のIDを指定している

・raspberry piがインターネットに接続されていない

・スピーカーに接続されていない

・音量が小さい (「2.8.2 音声出力確認」のコマンドを参照)

・ディスクの空き容量が極端に少ない

IIIIIIIIIIIIIIIIIIIIIIIIIIIIIIIIIIIIIIIIIIIIIIIIIIIIIIIIIIIIIIIIIIIIIIIIIIIIIIIIIIIIIIIIIIIIII

4.3　ストリーミングURL

　radiberry pi!ではradikoの他にストリーミングURLを再生することが出来ます。

　あらかじめ再生出来るURLをいくつか設定していますが、他に再生したいURLがある場合は「4.3.2 配信ファイル編集」で追加することが出来ます。

4.3.1　ストリーミングURL再生

　ストリーミングURL再生で必要なものは既に配置済です。次のコマンドにより動作確認をします。

IIIIIIIIIIIIIIIIIIIIIIIIIIIIIIIIIIIIIIIIIIIIIIIIIIIIIIIIIIIIIIIIIIIIIIIIIIIIIIIIIIIIIIIIIIIIII

【動作確認】 ストリーミングURL再生

/home/radipi/Script/playStreaming.sh BBCWorldを実行すると、音声が再生されること

IIIIIIIIIIIIIIIIIIIIIIIIIIIIIIIIIIIIIIIIIIIIIIIIIIIIIIIIIIIIIIIIIIIIIIIIIIIIIIIIIIIIIIIIIIIIII

　ここでは、配信URLの変更・停止の可能性が低いBBC World Serviceを指定しています。

　音声が再生されない場合は、「4.2.2 radikoストリーミング再生」のエラー時の確認項目を確認し、更に配信URLが変更・停止されていないかを確認して下さい[5]。

4.3.2　配信ファイル編集

　ストリーミングURLが変更されている場合、配信ファイルを変更します。(パスは/home/radipi/Script/config/streamingList.csv)

---

5. 各サイトをブラウザで開き、開発者ツール等でページ内検索すると配信URLを調べることが出来ます。

配信ファイルのフォーマットは表4.4のようになっています。

表4.4: 配信ファイルフォーマット (カンマ区切り、1行に設定)

項目	備考
(1) ストリーミングURLのID	
(2) ストリーミングURLの名称	「7.3 ストリーミング再生画面」で表示する名称
(3)URL	

ここでは、J1GOLDのURLを **http://j1fm.url.com:9000/.mp3** に変更する手順を示します[6]。

```
cd /home/radipi/Script/config
sed -i "\;J1GOLD;s;http.*;http://j1fm.url.com:9000/.mp3;g"
streamingList.csv
```

図4.2: 配信ファイルの編集・確認

4.4 radikoタイムテーブル再生

本章では、「この時間帯はこの局を再生する」という自分用のタイムテーブルがある**ラジオ廃人向けの機能**を紹介します。

毎回radikoで検索したり放送局IDを調べる手間を省き、同じ再生コマンドを指定すればタイムテーブルに応じて選局するスクリプト（playByTime.sh）を使用します。

4.4.1 タイムテーブル編集

タイムテーブルは/home/radipi/Script/config/timeTable内に既に配置済で、筆者自身が使

---

6. ここでも敢えて sed を使っていますが、「4.2.1 radiko アカウント情報の反映」のメールアドレス同様、エディタで修正しても構いません。

用しているタイムテーブルが格納されています[7]。

　タイムテーブルの情報は曜日ごとに分かれており、CSVファイルに記載します。(図4.3参照)

図4.3: タイムテーブルの情報(月曜のデータ)

```
radipi@raspberrypi:~ $ cd Script/config/timeTable/
radipi@raspberrypi:~/Script/config/timeTable $ ls
Fri.csv  Mon.csv  Sat.csv  Sun.csv  Thr.csv  Tue.csv  Wed.csv
radipi@raspberrypi:~/Script/config/timeTable $ cat Mon.csv
00:00,CCL
03:00,LFR
05:00,TBS
06:30,TBS
08:30,TBS
11:00,RN2
13:00,KBC
14:00,JOAK
15:00,802
17:00,FMT
19:00,K-MIX
21:00,BSS
22:00,LOVEFM
23:00,TBS
radipi@raspberrypi:~/Script/config/timeTable $
```

　各曜日のCSVファイルを表4.5に従って編集します。

表4.5: タイムテーブルのフォーマット

項目	備考
(1) 開始時刻	HH:MM(時・分)で記載
(2) 放送局ID	

　※開始時刻は、radikoの規格に倣ってラジオ・テレビ特有の24時間以上の表記は行いません。例えば月曜25時開始のTBSの番組は、Tue.csvに"01:00,TBS"を記載します。

4.4.2　スクリプト実行

||||||||||||||||||||||||||||||||||||||||||||||||||||||||||||||||||||||||||||||||||||||||||||||||||||

【動作確認】 radikoタイムテーブル再生

/home/radipi/Script/playByTime.shを実行すると、csvで指定したタイムテーブル通りの局が再生されること

||||||||||||||||||||||||||||||||||||||||||||||||||||||||||||||||||||||||||||||||||||||||||||||||||||

　音声が再生されない場合、「4.2.2 radikoストリーミング再生」のエラー時の確認項目を参照して下さい。

7.https://github.com/sickleaf/radipiScript/tree/master/config/timeTable

||||||||||||||||||||||||||||||||||||||||||||||||||||||||||||||||||||||||||||||||||||||||||||||||||||||||||||||

【動作確認】　エラー時の確認項目

・raspberry pi がインターネットに接続されていない

・raspberry pi にスピーカーが接続されていない

・音量が小さい (「2.8.2 音声出力確認」のコマンドを参照)

・エリア外で聴取出来ない放送局 ID を指定している

・規定の一時ディレクトリが存在しない (/var/tmp)

・config.sh にメールアドレスを指定していない (radiko プレミアムの場合)

・ディスクの空き容量が極端に少ない

||||||||||||||||||||||||||||||||||||||||||||||||||||||||||||||||||||||||||||||||||||||||||||||||||||||||||||||

第5章 ローカルファイル再生

本章では、OSイメージ内の音声ファイルやraspberry piに接続した外付けドライブ内の音声ファイルを再生するための手順を紹介します。

5.1 手順説明

5.1.1 準備するもの

本章の手順を実施するにあたって、次の準備が必要になります。

表5.1: ローカルファイル再生で準備するもの

名称	備考（必須＝○）
外付けドライブ	○
フォーマット用の WindowsPC	○

外付けドライブ

raspberry pi 3のUSBポートは2.0のため、USB3.0対応のUSBメモリ・USBドライブである必要はありません。

フォーマット用のWindowsPC

本書はWindowsPCで外付けドライブをフォーマットしていますが、別のOSでフォーマットしても構いません。

5.1.2 手順実施前に決めること

本章の手順を実施するにあたって、次の項目を決めておく必要があります。

表5.2: 手順実施前に決めること

項目	対応する章・節
再生対象のメディアファイル	「5.2 メディア準備」
再生対象のディレクトリ	「5.2 メディア準備」
外付けドライブのマウントポイント	「5.3 ドライブのマウント設定」

5.2 メディア準備

まずは再生するファイルを格納するための外付けドライブの準備をします。

本書では、Windows・Linux両方で利用しやすいexFAT形式で外付けドライブをフォーマットします。フォーマットが終わったら、ジャンル・分類ごとに階層を分けてファイルを格納します。

図5.1: 外付けドライブのフォーマット／ディレクトリの準備

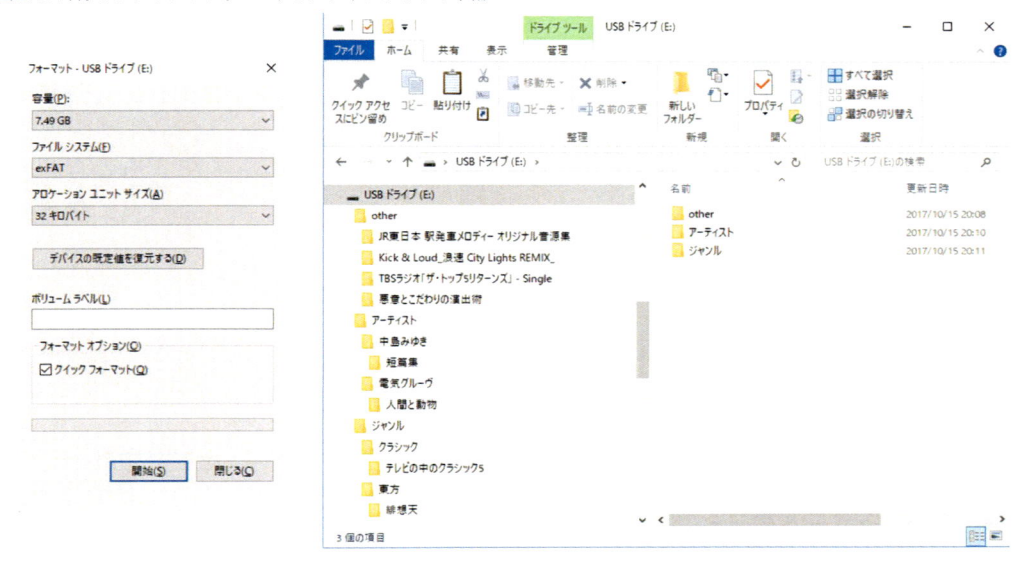

　「まとめて聴きたいジャンル・分類」単位でディレクトリ・ファイルを配置します。

　外付けドライブの配置情報を「5.4.1 再生対象の設定」で設定ファイルに記入します。

5.3　ドライブのマウント設定

　本手順ではドライブのマウント先を/mnt/**radipiDrive**とし、手動・自動でドライブをマウントする手順を説明します。ドライブを複数接続する場合は、マウントポイントをドライブごとに作成する必要があります[1]。

　まず次の手順でマウントポイントの作成とexFAT用のパッケージを準備します。

```
sudo mkdir -p /mnt/radipiDrive
sudo apt-get install -y exfat-fuse
```

　このコマンドが完了したら、raspberry pi本体に外付けドライブを接続します。

5.3.1　手動マウント

　デバイスのマウント時には、外付けドライブのデバイス名を指定する必要があります。次の

1.USB給電の外付けドライブを複数接続すると本体の電力供給が出来ず動作しなくなる場合があるため、AC給電にするか接続ドライブ数を絞る必要があります。

コマンドでデバイス名を確認します。

```
sudo blkid
```

図 5.2: デバイス名の確認 (sudo blkid)

```
radipi@raspberrypi:~ $ sudo blkid
/dev/mmcblk0p1: LABEL="boot" UUID="6228-7918" TYPE="vfat" PARTUUID="9e44891e-01"
/dev/mmcblk0p2: LABEL="rootfs" UUID="6bfc8851-cf63-4362-abf1-045dda421aad" TYPE="ext4"
/dev/sda1: LABEL="radipiDisk" UUID="08C6-925F" TYPE="exfat" PARTUUID="36b816b9-01"
/dev/mmcblk0: PTUUID="9e44891e" PTTYPE="dos"
```

　図 5.2 では、フォーマットを表す TYPE が exfat の 3 行目が raspberry pi に接続した外付けドライブを表しています。該当する行の先頭 (ここでは /dev/sda1) がデバイス名になります。

```
mount -t exfat -o iocharset=utf8 /dev/sda1 /mnt/radipiDrive/
```

||||||||||||||||||||||||||||||||||||||||||||||||||||||||||||||||||||||||||||||||||||||||||||

【動作確認】　手動マウント

ls /mnt/radipiDrive で外付けドライブ内のディレクトリが確認出来ること

図 5.3: 手動マウント

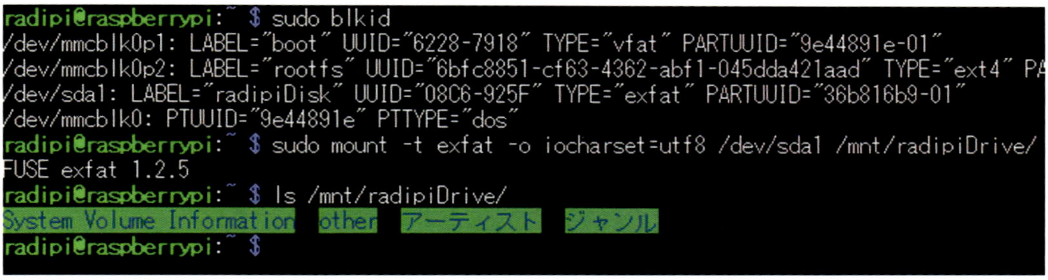

```
radipi@raspberrypi:~ $ sudo blkid
/dev/mmcblk0p1: LABEL="boot" UUID="6228-7918" TYPE="vfat" PARTUUID="9e44891e-01"
/dev/mmcblk0p2: LABEL="rootfs" UUID="6bfc8851-cf63-4362-abf1-045dda421aad" TYPE="ext4" PA
/dev/sda1: LABEL="radipiDisk" UUID="08C6-925F" TYPE="exfat" PARTUUID="36b816b9-01"
/dev/mmcblk0: PTUUID="9e44891e" PTTYPE="dos"
radipi@raspberrypi:~ $ sudo mount -t exfat -o iocharset=utf8 /dev/sda1 /mnt/radipiDrive/
FUSE exfat 1.2.5
radipi@raspberrypi:~ $ ls /mnt/radipiDrive/
System Volume Information  other  アーティスト  ジャンル
radipi@raspberrypi:~ $
```

||||||||||||||||||||||||||||||||||||||||||||||||||||||||||||||||||||||||||||||||||||||||||||

5.3.2　自動マウント

　手動マウントの手順だけでは raspberry pi を再起動すると、マウントした外付けドライブがアンマウントされてしまうため、自動的にマウントさせるためには別途設定が必要です。

　設定する情報を確認するために **sudo blkid** を実行し、外付けドライブに該当する行の **UUID** の値を設定します。本節では図 5.2 の結果（08C6-925F）を使います。

次に vi 等のテキストエディタで**/etc/fstab** を編集し、外付けドライブを読み込むための設定行を追加します。追加する行のフォーマットは次の通りです。

表 5.3: 設定行のフォーマット

設定項目	設定値 (タブ区切りで入力)
(1) マウントデバイス	(UUID の値)
(2) マウントポイント	/mnt/radipiDrive
(3) ファイルシステム	exfat
(4) マウントオプション	defaults,nofail,iocharset=utf8
(5) バックアップ指定	0
(6) ファイルシステムチェック	0

図 5.4: /etc/fstab の設定前と設定後

```
radipi@raspberrypi:~ $ cat /etc/fstab
proc                /proc           proc     defaults        0       0
PARTUUID=9e44891e-01  /boot         vfat     defaults        0       2
PARTUUID=9e44891e-02  /             ext4     defaults,noatime 0      1
# a swapfile is not a swap partition, no line here
#   use  dphys-swapfile swap[on|off]  for that
radipi@raspberrypi:~ $ sudo vi /etc/fstab
radipi@raspberrypi:~ $ cat /etc/fstab
proc                /proc           proc     defaults        0       0
PARTUUID=9e44891e-01  /boot         vfat     defaults        0       2
PARTUUID=9e44891e-02  /             ext4     defaults,noatime 0      1
UUID=08C6-925F  /mnt/radipiDrive    exfat    defaults,nofail,iocharset=utf8  0    0
# a swapfile is not a swap partition, no line here
#   use  dphys-swapfile swap[on|off]  for that
```

|||||||||||||||||||||||||||||||||||||||||||||||||||||||||||||||||||||||||||||||||||||||||||||||||||||||||||||||||||||||||||||

【動作確認】 自動マウント

'sudo reboot' で raspberry pi を再起動し、'ls /mnt/radipiDrive' でファイルの中身が確認出来ること

|||||||||||||||||||||||||||||||||||||||||||||||||||||||||||||||||||||||||||||||||||||||||||||||||||||||||||||||||||||||||||||

5.4　ローカルファイル再生

ローカルファイルの再生用スクリプト（playLocalfile.sh）は配置済みのため、外付けドライブや内部ストレージにある音声ファイルを mpv で再生することが出来ます。

ただし、デフォルトで再生する拡張子は mp3 のため、再生対象が異なる拡張子の場合は拡張子の変更が必要です。

5.4.1 再生対象の設定

　外付けドライブのディレクトリ構造に合うように、vi等のエディタを使用して再生パスの設定ファイルを作成します。

```
sudo vi /home/radipi/Script/config/dirList.csv
```

リスト5.1: config/dirList.csv（外付けドライブの再生パス設定）

```
dirID,dirValue,dirText
all,all files,/mnt/radipiDrive/
other,other,/mnt/radipiDrive/other
artist,アーティスト,/mnt/radipiDrive/アーティスト
genre,ジャンル,/mnt/radipiDrive/ジャンル
```

設定ファイル名 (dirList.csv) と1行目は変更しないように注意して下さい。

設定ファイルの各行のフォーマットは次の通りです。

表5.4: ローカルファイルの設定ファイル（カンマ区切り）

設定項目	内容
(1)ID	スクリプトを手動で実行する際に指定
(2) 再生パス名	「7.4 ローカルファイル再生画面」で画面に表示する文言
(3) フルパス	マウントポイントを変えた場合はフルパスも変更する

5.4.2 拡張子の変更

　ここでは、再生するファイルの拡張子をmp3からwavに変更する手順を示します。

```
sed -i '\;extension;s;="mp3";="wav";g'
/home/radipi/Script/playLocalfile.sh
```

||||||||||||||||||||||||||||||||||||||||||||||||||||||||||||||||||||||||||||||||||||||||||||

【動作確認】 ローカルファイル再生

ローカルファイル再生スクリプトにより、音声ファイルが再生されること

（Ctrl+C：再生停止／次のファイルを再生）

例：/home/radipi/Script/playLocalfile.sh all 3

表 5.5: ローカルファイル再生スクリプトの引数

引数	備考
(1) 再生対象の設定 ID	dirList.csv の 1 列目の値を指定
(2) 連続して再生するファイル数	指定しなくても可

||||||||||||||||||||||||||||||||||||||||||||||||||||||||||||||||||||||||||||||||||||||||||||||||||||||||||||||

第6章 FM波再生

本章では、チューナーを用いてFM波をraspberry pi上で受信・再生するための手順を紹介します。

6.1 手順説明

6.1.1 準備するもの

本章の手順を実施するにあたって、次の準備が必要になります。

表6.1: FM波再生で準備するもの

名称	備考（必須＝○）
ワンセグチューナー／FMチューナー	○

ワンセグチューナー／FMチューナー

秋葉原などで廉価で購入出来るTL-SDR対応のチューナーを使用して下さい[1]。（**RTL2832U／DVB-T SDR／DVB-T dongle1／RTL dongle**などの表記があればよい）

本書では、写真のようなFMチューナーで動作確認を行っています。

図6.1: 動作確認に使用したFMチューナー

---

[1] 秋葉原の電気屋で、「ワンセグチューナー」の商品名で1000円ほどで売られています。

6.1.2 手順実施前に決めること

本章の手順を実施するにあたって、次の項目を決めておく必要があります。

表 6.2: 手順実施前に決めること

項目	対応する章・節
再生地域で聴取可能な FM 波	「6.2.2 再生テスト」

エリアごとに聴取可能な FM 波が異なります。付録 A「地域別民放ラジオ局リスト」を参考に、お住まいのエリアで再生出来る放送局の周波数を選択して下さい。

付録 A「地域別民放ラジオ局リスト」に記載しているのは各放送局の本局の周波数なので、場所によっては中継局でないと受信出来ない場合があります。再生出来ない場合は放送局のサイトを参照して下さい。

6.2 パッケージ準備

チューナーから FM 放送の音声を再生するために必要な手順を説明します。

6.2.1 パッケージインストール

まず、次のコマンドにより必要なパッケージを取得します[2]。

```
sudo apt-get install -y cmake libusb-1.0-0-dev
```

次のコマンドにより設定ファイルを作成します[3]。入力する文字列は

「r(アール)t（ティー）l（エル）」であることに注意して下さい。

```
cat <<EOF >no-rtl.conf
        blacklist dvb_usb_rtl28xxu
        blacklist rtl2832
        blacklist rtl2830
        EOF
sudo mv no-rtl.conf /etc/modprobe.d/
```

次のコマンドにより、パッケージのインストールとビルドを行います。

---

2. rtl_fm コマンドを使用するのが目的なのですが、今のところ rtl-sdr パッケージをインストールしても正しく動作しません。インストールしてしまうとライブラリの依存性の問題から再生できなくなってしまうため、間違ってインストールした場合は sudo apt-get purge rtl-sdr を実行し、本節の手順を進めて下さい。

3. ここでは敢えて cat で作成していますが、エディタで作成・入力しても構いません。

```
cd /var/tmp
git clone git://git.osmocom.org/rtl-sdr.git
cd rtl-sdr
mkdir build; cd build
cmake ../ -DINSTALL_UDEV_RULES=ON
make
sudo make install
sudo ldconfig
sudo cp ../rtl-sdr.rules /etc/udev/rules.d
```

最後のコマンド入力を終えて再起動すればパッケージの準備は完了です。

6.2.2 再生テスト

パッケージの準備が出来たので、raspberry piの本体にチューナーを挿して動作確認を行います。

```
rtl_fm -f <周波数>e6 -M wbfm -s 200000 -r 48000 | aplay -r 48000 -f
S16_LE
```

||||||||||||||||||||||||||||||||||||||||||||||||||||||||||||||||||||||||||||||||||||||||||||||||||||||||||||
【動作確認】 FM波再生（コマンド）
次のコマンドにより、指定した周波数の放送が再生されること
（Ctrl+C：再生停止／次のファイルを再生）

図6.2: FM波の再生

```
radipi@raspberrypi:~ $ rtl_fm -f 90.5e6 -M wbfm -s 200000 -r 48000 | aplay -r 48
000 -f S16_LE
Found 1 device(s):
  0:  Generic, RTL2832U, SN: 77771111153705700

Using device 0: Generic RTL2832U
Found Fitipower FC0013 tuner
Tuner gain set to automatic.
Tuned to 90816000 Hz.
Oversampling input by: 6x.
Oversampling output by: 1x.
Buffer size: 6.83ms
Sampling at 1200000 S/s.
Output at 200000 Hz.
Allocating 15 zero-copy buffers
再生中 raw データ 'stdin' : Signed 16 bit Little Endian, レート 48000 Hz, モノラ
ル
```

||||||||||||||||||||||||||||||||||||||||||||||||||||||||||||||||||||||||||||||||||||||||||||||||||||||

6.3　FM波再生

　本節では、FM波再生用スクリプト（playFM.sh）を使用します。スクリプトは既に配置されているので、動作確認を行います。

||||||||||||||||||||||||||||||||||||||||||||||||||||||||||||||||||||||||||||||||||||||||||||||||||||||
【動作確認】 FM波再生（スクリプト）

FM波再生用スクリプトにより、指定した放送局／周波数の放送が再生されること

例１： /home/radipi/Script/playFM.sh ＜放送局 ID ＞

例２： /home/radipi/Script/playFM.sh -n ＜周波数（MHz）＞

||||||||||||||||||||||||||||||||||||||||||||||||||||||||||||||||||||||||||||||||||||||||||||||||||||||

第7章　ブラウザー制御

本章では、raspberry piへの操作をブラウザーから実施するための手順を紹介します。

7.1　手順説明

本章の機能ではストリーミング再生／ローカルファイル再生／FM波再生をブラウザー上で行う画面を提供しますが、ここで掲載している**各画面は随時更新される予定**です。

GitHub上のReadme[1]も併せてご確認下さい。

7.2　事前準備

本節では、ブラウザー操作によって各音声データを再生するための手順を説明します。

7.2.1　パッケージ・リソース準備

まず次のコマンドでパッケージの準備を行います。

```
sudo apt-get install -y apache2 php
```

続けて、ブラウザーに画面を表示させる際に必要なリソースをリポジトリから取得を行います。

```
cd ~/Repository
git clone https://github.com/sickleaf/radipiBrowser.git
cd radipiBrowser
sudo sh ./setupBrowserSource.sh
```

7.2.2　権限・グループ設定

ブラウザーでの操作で音声再生を行うためには、権限・グループの設定が必要になります。

```
sudo gpasswd -a www-data audio
sudo service apache2 restart
```

1.https://github.com/sickleaf/radipiBrowser

図 7.1: パーミッション設定・確認画面

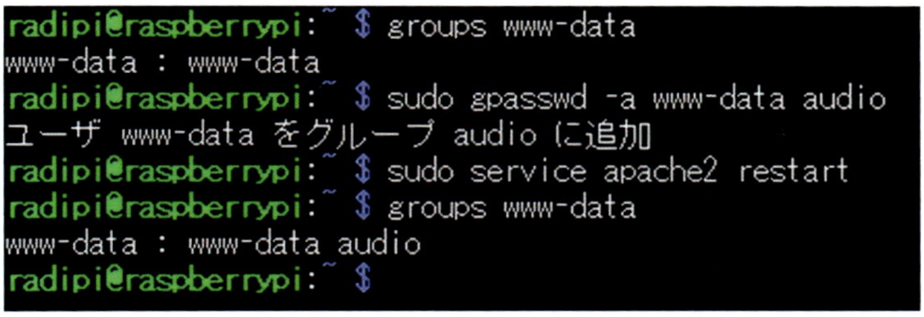

radipi@raspberrypi:~ $ groups www-data
www-data : www-data
radipi@raspberrypi:~ $ sudo gpasswd -a www-data audio
ユーザ www-data をグループ audio に追加
radipi@raspberrypi:~ $ sudo service apache2 restart
radipi@raspberrypi:~ $ groups www-data
www-data : www-data audio
radipi@raspberrypi:~ $

【動作確認】 ブラウザー経由の音声再生

ブラウザーから「http://《raspberry pi の IP アドレス》/soundcheck.html」にアクセスし、Test-1、Test-2、Test-youtube ボタンを押すと音が再生されること

図 7.2: テスト再生画面

sound check
<IP-Addr>/soundcheck.html
Test-1
Test-2
Test-youtube(wait few seconds...)
volume[-]
volume[+]
stop sound
[streaming] [localfile] [fm]

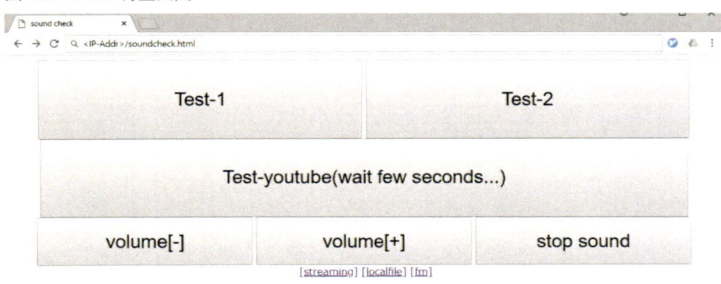

7.3 ストリーミング再生画面

ブラウザーを開き、「http://《raspberry pi の IP アドレス》/2radiko.html」にアクセスすると次の画面が表示されます。

図 7.3: ストリーミング再生画面（※画面は変更される場合があります）

7.3.1 提供機能

ストリーミング再生画面では、次の機能を提供しています[2]。

・radiko再生

　—局ID固定のボタン選択、またはプルダウンメニューから局を選択して再生

・ストリーミングURL再生

　—プルダウンメニューから選択して再生

・ランダム再生

　—radiko・ストリーミング再生のランダム再生ボタンを選択

・音量調整

　—音量調整ボタンを選択

・音声停止

　—音声停止ボタンを選択

7.4　ローカルファイル再生画面

ブラウザーを開き、「http://《raspberry piのIPアドレス》/2view.html」にアクセスすると次の画面が表示されます。

---

2. 機能は追加・変更される場合があります

図 7.4: ローカルファイル再生画面（画面は変更される場合があります）

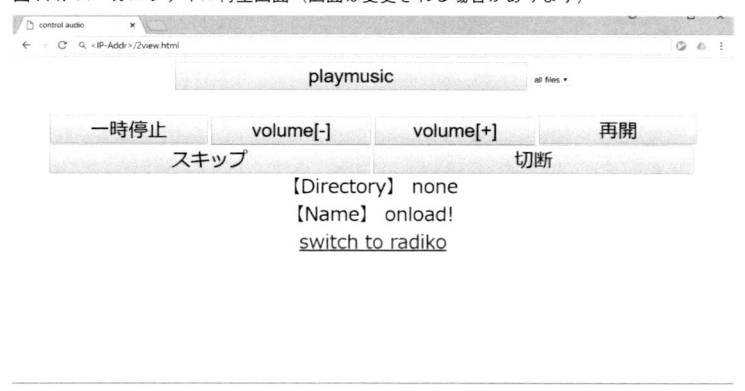

7.4.1　提供機能

ローカルファイル再生画面では、次の機能を提供しています[3]。

・ローカルファイル再生

　—プルダウンメニューから選択して再生

・一時停止・再開

　——時停止・再開ボタンをそれぞれ選択

・音量調整

　—音量調整ボタンを選択

・音声停止

　—音声停止ボタンを選択

7.5　FM波再生画面

ブラウザーを開き、「http://《raspberry pi の IP アドレス》/2fm.html」にアクセスすると次の画面が表示されます。

---

3. 機能は追加・変更される場合があります

図7.5: FM波再生画面（画面は変更される場合があります）

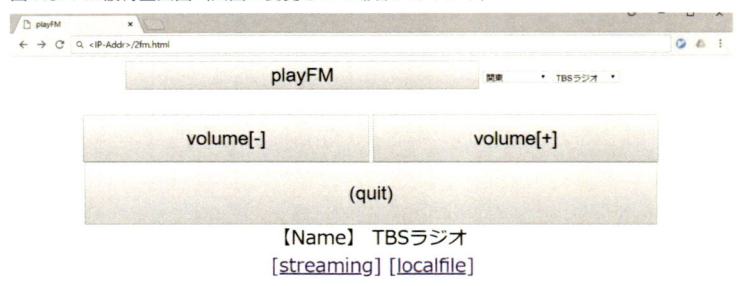

7.5.1　提供機能

FM波再生画面では、次の機能を提供しています[4]。

・FM波再生

　—プルダウンメニューから局を選択して再生

・音量調整

　—音量調整ボタンを選択

・音声停止

　—音声停止ボタンを選択

---

4. 機能は追加・変更される場合があります

第8章　赤外線制御

本章では、raspberry piの操作を赤外線リモコンで行うための手順を紹介します。

8.1　手順説明

8.1.1　準備するもの

本章の手順を実施するにあたって、次の準備が必要になります。

表8.1: 赤外線制御で準備するもの

名称	備考（必須＝○）
赤外線リモコン・電池	○
赤外線受光素子	○
ジャンパワイヤ（オス-メス）	○
ブレッドボード	○
抵抗（330 Ω以上）	○

赤外線リモコン・電池

本書ではテレビリモコンの使用を推奨しています[1]。中でも、入手が容易かつ複数のテレビメーカーに対応している「**RC-TV013UD**」(ELPA)[2]を強く推奨します。このテレビリモコンではボタン電池（CR2032）が必要です。

赤外線受光素子

本書では「**OSRB38C9AA**」[3]と「**RPM7138-R**」[4]の2種類の赤外線受光素子で動作確認を行っています。秋月電子通商やマルツ等で購入可能です。（図8.2 参照）

---

1. エアコンのリモコンの使用は非推奨です。これはテレビリモコンと比べて信号の情報が多く、本書で使用する赤外線受光素子では処理に失敗するためです。
2. http://www.elpa.co.jp/product/av01/elpa1149.html
3. http://akizukidenshi.com/catalog/g/gI-04659/
4. https://www.marutsu.co.jp/pc/i/52779/

図 8.1: 赤外線リモコン (RC-TV013UD)

図 8.2: ブレッドボード・ジャンパワイヤ・赤外線受光素子・抵抗

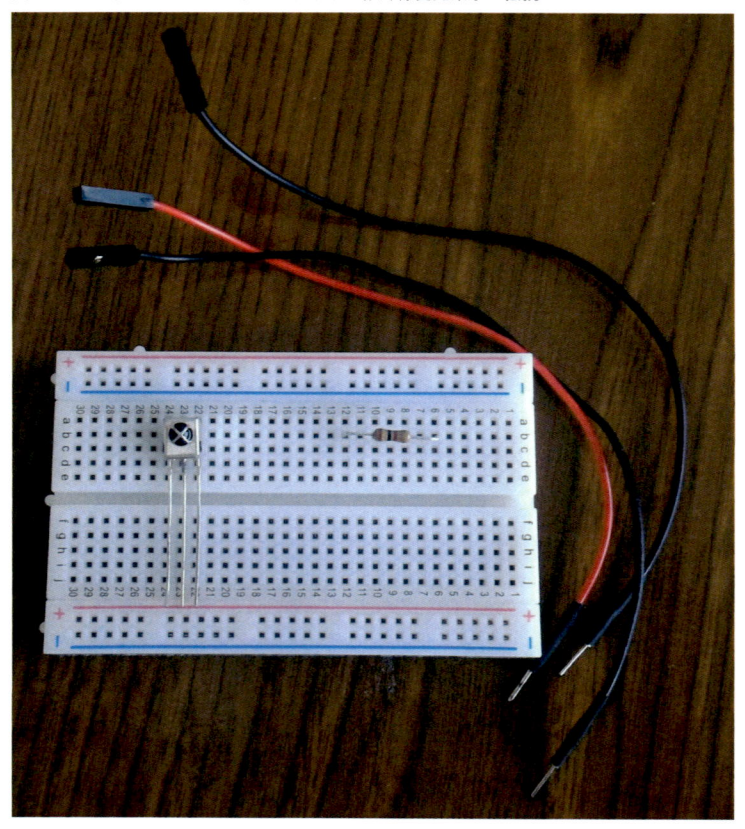

8.1.2 手順実施前に決めること

本章の手順を実施するにあたって、次の項目を決めておく必要があります。

表8.2: 手順実施前に決めること

項目	対応する章・節
接続するGPIO入力ピン（注1）	「8.2 受光素子・抵抗・ブレッドボード取り付け」，「8.3.2 パッケージ準備」
テレビリモコンに設定するメーカーコード（注2）	「8.3.1 リモコン準備」
リモコンで使用するボタン	「8.4.2 リモコン信号の記録後半（ボタン入力）」
ボタンに割り当てるコマンド	「8.5 コマンド割り当て」

注1：本書で指定しているピン以外にも使用可能なGPIOピンはありますが、使用するピンを変更する場合、本書の図や手順で示す結線・設定を適宜変更する必要があります。また、物理ピン番号とGPIO番号（BCMピン番号）は異なりますので注意して下さい。

注2：radiberry pi!を使用する場所にテレビが設置されており、リモコンのメーカーコードとテレビのメーカーが同じ場合、テレビが同時に反応してしまうため別のメーカーコードを指定することをお薦めします。

これからリモコンに設定する内容は、ここまでの構築手順でコンソールやブラウザーで行っていた操作を赤外線リモコンのボタンに置き換える手順なので、「どのボタンを押したらどう動いてほしいか」をイメージしておいて下さい。

8.2　受光素子・抵抗・ブレッドボード取り付け

まず赤外線受光素子と抵抗をブレッドボードに取り付け、raspberry piのGPIOと接続します。本体が破損するのを防ぐため、**必ず抵抗を使用して下さい**。

図8.3を参考に、各部品の結線を行います。

図 8.3: raspberry pi とブレッドボードの結線図

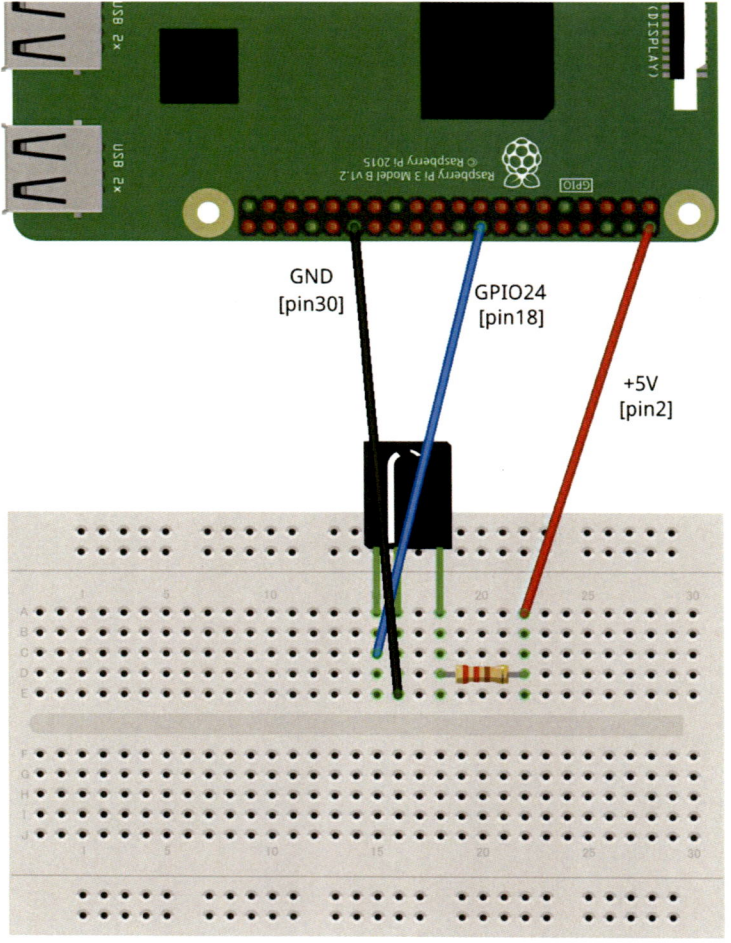

GND
[pin30]

GPIO24
[pin18]

+5V
[pin2]

fritzing

8.3 リモコン信号の記録準備

　「8.4 リモコン信号の記録」の手順の準備を行います。

8.3.1 リモコン準備

　リモコンのセットアップは、リモコンのマニュアル[5]を元に行います。

　リモコン下部の蓋を開け、ボタン電池をセットし電源ボタンを押してインジケータが点灯したら、メーカーコードを設定します。

　電源ボタンを長押しした後、4桁のメーカーコードを押したら準備完了です。radiberry pi!を

5.http://www.elpa.co.jp/product/pdf/rc-tv013ud_manual.pdf

設置する場所にシャープのテレビが無い場合、メーカーコード「**1341**」で設定することをお薦めします。

8.3.2 パッケージ準備

赤外線制御で使用するパッケージをインストールし、vi等のテキストエディタで2つの設定ファイルを編集します。

```
sudo apt-get -y install lirc
sudo vi /boot/config.txt
sudo vi /etc/lirc/lirc_options.conf
```

リスト 8.1: /boot/config.txt (コメントアウトされているため、#を取り除いて設定)

```
dtoverlay=lirc-rpi,gpio_in_pin=24
```

リスト 8.2: /etc/lirc/lirc_options.conf（driver と device の値を修正）

```
driver = default
device = /dev/lirc0
```

編集が終わったら、変更を反映させるために**再起動**します。

8.4　リモコン信号の記録

リモコンの信号を記録させる手順を説明します。この手順は、**使用するボタン（コマンドを割り当てるボタン）が多ければ多いほど、設定に時間が掛かります。**

また本節の手順は失敗しやすく、特に「8.4.2 リモコン信号の記録後半（ボタン入力）」は**やり直しが何度か発生する**可能性があります。

手順に出てこない文言が出てきた場合、付録B「リモコン信号の記録(irrecord)失敗例」を参照して下さい。リモコン信号を記録する流れは次の通りです。

画面に出てくる文言	行う操作
Press RETURN to continue	Enterキーを押す
Please don't press any buttons, just wait a few seconds…	（何もせず待機）
Enter name of remote (only ascii,no spaces):	ファイル名(ascii文字のみ)を入力
Press RETURN now to start recording	【1】 Enterキーを押し、 使用するリモコンのボタンをランダムに押す （ドットが表示される）
Got gap Please keep on pressing buttons like described above.	
Please enter the name for the next button (press <ENTER> to finish reading)	【2】 ボタン名(ascii文字のみ)を入力し、対応するボタンを押す ※**10秒入力が無いと強制的に終了となるので注意** →登録するボタンの数だけ繰り返し、最後にEnterキーを押す
Now hold down button "〜〜〜"	
Checking for toggle bit mask Press RETURN to continue	【3】 Enterキーを押し、 登録したボタンのどれか1つを、繰り返し押下 （押しっぱなしにはしない）

8.4.1 リモコン信号の記録前半（ファイル名入力）

irrecordコマンドにより、リモコンで使用する各ボタンの信号を記録します。記録したファイルは、コマンド実行時のディレクトリパスに格納されます。

```
sudo service lircd stop
cd /var/tmp
sudo irrecord -n -d /dev/lirc0   （プロンプトメッセージに従って操作）
```

図8.5のように、**Enter name of remote**が出てきたらファイル名を入力します。

図 8.5: リモコン信号の記録（ファイル名入力）

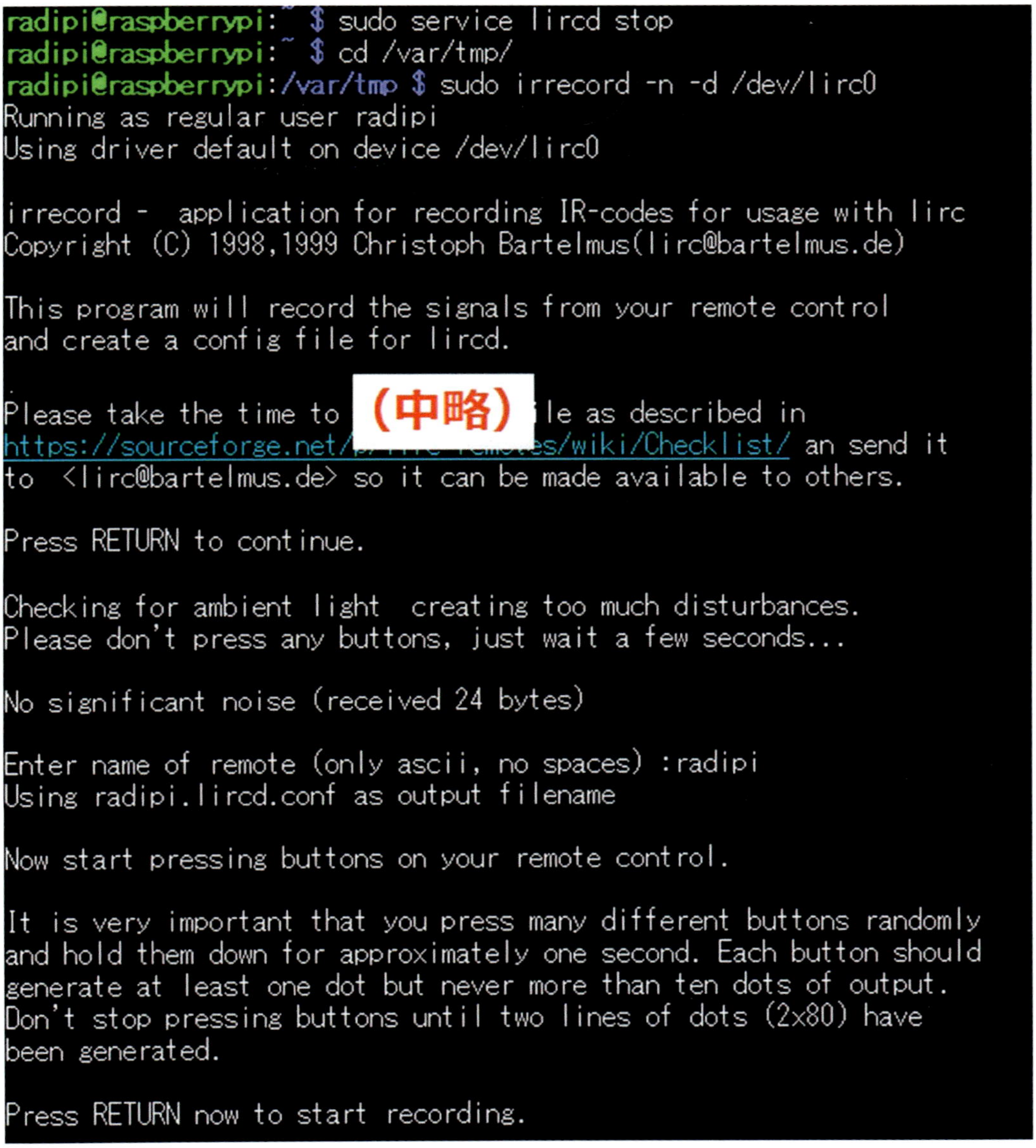

```
radipi@raspberrypi:~ $ sudo service lircd stop
radipi@raspberrypi:~ $ cd /var/tmp/
radipi@raspberrypi:/var/tmp $ sudo irrecord -n -d /dev/lirc0
Running as regular user radipi
Using driver default on device /dev/lirc0

irrecord -  application for recording IR-codes for usage with lirc
Copyright (C) 1998,1999 Christoph Bartelmus(lirc@bartelmus.de)

This program will record the signals from your remote control
and create a config file for lircd.

Please take the time to （中略）le as described in
https://sourceforge.net/p/lirc-remotes/wiki/Checklist/ an send it
to  <lirc@bartelmus.de> so it can be made available to others.

Press RETURN to continue.

Checking for ambient light  creating too much disturbances.
Please don't press any buttons, just wait a few seconds...

No significant noise (received 24 bytes)

Enter name of remote (only ascii, no spaces) :radipi
Using radipi.lircd.conf as output filename

Now start pressing buttons on your remote control.

It is very important that you press many different buttons randomly
and hold them down for approximately one second. Each button should
generate at least one dot but never more than ten dots of output.
Don't stop pressing buttons until two lines of dots (2x80) have
been generated.

Press RETURN now to start recording.
```

8.4.2　リモコン信号の記録後半（ボタン入力）

　「8.4.1 リモコン信号の記録前半（ファイル名入力）」の続きを、リモコン操作を行いながら進めます。最後まで上手く行った場合の例を図8.6に示します。

```
Press RETURN now to start recording.
...........................................................................
Got gap (108169 us)}

Please keep on pressing buttons like described above.
...........................................................................
...........................................................................
.

Please enter the name for the next button (press <ENTER> to finish recording)
power

Now hold down button "power".

Please enter the name for the next button (press <ENTER> to finish recording)
volup

Now hold down button "volup".

Please enter the name for the next button (press <ENTER> to finish recording)
voldown

Now hold down button "voldown".

Please enter the name for the next button (press <ENTER> to finish recording)
blue

Now hold down button "blue".

Please enter the name for the next button (press <ENTER> to finish recording)
menu

Now hold down button "menu".

Please enter the name for the next button (press <ENTER> to finish recording)

Checking for toggle bit mask.
Please press an arbitrary button repeatedly as fast as possible.
Make sure you keep pressing the SAME button and that you DON'T HOLD
the button down!.
If you can't see any dots appear, wait a bit between button presses.

Press RETURN to continue.
Cannot find any toggle mask.

Successfully written config file radipi.lircd.conf
radipi@raspberrypi:/var/tmp $
```

リモコン操作は大きく次の3パートに分かれています。

1. 使用するボタンをランダムに押す
2. ボタン名とボタン信号の紐づけ（使用するボタン全てに対して実施）

3．どれか1つのボタンを連打[6]

2つ目のパートでは各ボタンの名前を設定する必要があります。

ここでは電源ボタン・音量+/−ボタン・青ボタン・メニューボタンを設定していますが、その他のボタンに設定する名前の例を表8.3に示します。

表8.3: 入力するボタン名

ボタン名称	設定例	ボタン名称	設定例
電源ボタン	power	決定	decide
音量 +	volup	dボタン	d
音量 −	voldown	戻る	back
入力切換	inputSW	メニュー	menu
放送切換	broadSW	番組表	program
各矢印キー	up,down,left,right	各色のボタン	blue,red,green,yellow
各数字ボタン	同じ数字（1,2,3,……12）		

ファイルが生成されたら、次のコマンドを実行し動作確認を行います。

```
sudo cp radipi.lircd.conf /etc/lirc/lircd.conf.d/
sudo service lircd restart
```

||||||||||||||||||||||||||||||||||||||||||||||||||||||||||||||||||||||||||||||||||||||||||||||||||||||||||
【動作確認】 リモコン信号の記録

1. irsend LIST radipi ""を実行すると、登録したボタン名の一覧が表示されること
2. irwを実行しリモコンのボタンを押すと、ボタンに対応するボタン名が表示されること

---

6. 長押しではなく連打する必要があります

図 8.7: リモコン動作確認

```
Please press an arbitrary button repeatedly as fast as possible.
Make sure you keep pressing the SAME button and that you DON'T HOLD
the button down!.
If you can't see any dots appear, wait a bit between button presses.

Press RETURN to continue.
.............................Cannot find any toggle mask.

Successfully written config file radipi.lircd.conf
radipi@raspberrypi:/var/tmp $ sudo cp radipi.lircd.conf /etc/lirc/lircd.conf.d/
radipi@raspberrypi:/var/tmp $ sudo service lircd restart
radipi@raspberrypi:/var/tmp $ irsend LIST radipi ""

0000000000009f6 power
00000000000019e6 volup
0000000000009966 voldown
0000000000059a6 menu
000000000000847b blue
radipi@raspberrypi:/var/tmp $ irw
00000000c1aa09f6 00 power radipi
00000000c1aa09f6 01 power radipi
00000000c1aa09f6 02 power radipi
00000000c1aa19e6 00 volup radipi
00000000c1aa19e6 01 volup radipi
00000000c1aa19e6 02 volup radipi
00000000c1aa19e6 03 volup radipi
00000000c1aa9966 00 voldown radipi
00000000c1aa9966 01 voldown radipi
00000000c1aa9966 02 voldown radipi
00000000c1aa59a6 00 menu radipi
00000000c1aa59a6 01 menu radipi
00000000c1aa59a6 02 menu radipi
00000000c1aa847b 00 blue radipi
00000000c1aa847b 01 blue radipi
00000000c1aa847b 02 blue radipi
^C
radipi@raspberrypi:/var/tmp $
```

||||||||||||||||||||||||||||||||||||||||||||||||||||||||||||||||||||||||||||||||||||||||||||||||||||||||||||||||||

　もしこの動作確認が上手くいかず何回信号の記録を行っても結果が変わらない場合、**別のメーカーコードを設定**して再度実施してみて下さい。

8.5　コマンド割り当て

　本節では、ボタンが押された時に実行するコマンドを設定します。

　vi 等のテキストエディタで、/etc/lirc/lircrc を sudo 権限で編集します。

リスト8.3: /etc/lirc/lircrc（リモコンのボタンに紐付けるコマンドの定義）

```
 1: #  電源ボタン->音声停止
 2: begin
 3: button = power
 4: prog = irexec
 5: config = ~/Script/killsound.sh KILL
 6: end
 7:
 8: #  音量＋ボタン->音量を大きくする
 9: begin
10: button = volup
11: prog = irexec
12: config = ~/Script/setVolume.sh 3 +
13: end
14:
15: #  音量－ボタン->音量を小さくする
16: begin
17: button = voldown
18: prog = irexec
19: config = ~/Script/setVolume.sh 3 -
20: end
21:
22: #  メニューボタン->音声を停止し、音量調整しローカルファイル再生
23: begin
24: button = menu
25: prog = irexec
26: config = ~/Script/killsound.sh KILL;
~/Script/playLocalfile.sh genre 3
27: end
28:
29: #  青ボタン->音声を停止し、J1GOLD を再生
30: begin
31: button = blue
32: prog = irexec
33: config = ~/Script/killsound.sh KILL; ~/Script/playStreaming.sh
J1GOLD
34: end
```

設定ファイルの編集が終わったら、次のコマンドで反映させます。

```
sudo service lircd restart
```

【動作確認】 ボタンとコマンドの割り当て

irexecを実行し、設定ファイルで定義したボタンを押すと設定したコマンドが実行されること

図8.8: コマンド割り当て動作確認

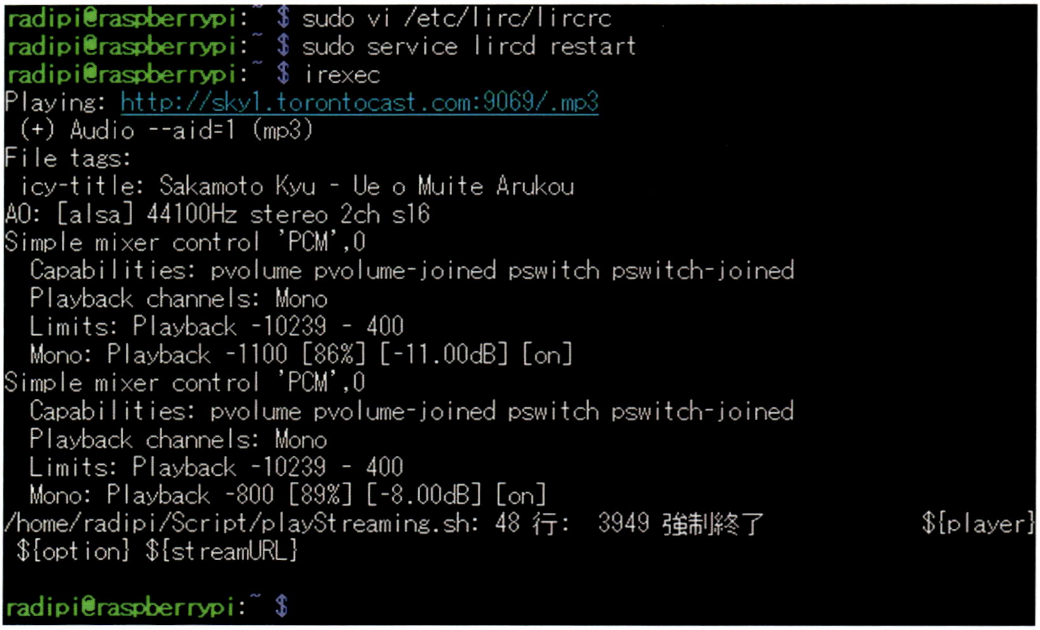

```
radipi@raspberrypi:~ $ sudo vi /etc/lirc/lircrc
radipi@raspberrypi:~ $ sudo service lircd restart
radipi@raspberrypi:~ $ irexec
Playing: http://sky1.torontocast.com:9069/.mp3
 (+) Audio --aid=1 (mp3)
File tags:
 icy-title: Sakamoto Kyu - Ue o Muite Arukou
AO: [alsa] 44100Hz stereo 2ch s16
Simple mixer control 'PCM',0
  Capabilities: pvolume pvolume-joined pswitch pswitch-joined
  Playback channels: Mono
  Limits: Playback -10239 - 400
  Mono: Playback -1100 [86%] [-11.00dB] [on]
Simple mixer control 'PCM',0
  Capabilities: pvolume pvolume-joined pswitch pswitch-joined
  Playback channels: Mono
  Limits: Playback -10239 - 400
  Mono: Playback -800 [89%] [-8.00dB] [on]
/home/radipi/Script/playStreaming.sh: 48 行:  3949 強制終了              ${[player]}
 ${[option] ${[streamURL]}

radipi@raspberrypi:~ $
```

8.6 サービス自動起動設定

　ここまでの手順では、リモコンによる操作を有効にするために毎回lircdサービスを起動する必要がありました。本節では、起動後にサービスが自動的に起動し、リモコン操作がすぐ行えるように設定を行います。

　まず、vi等のテキストエディタでlircRadipi.serviceを作成します。

```
cd /var/tmp
sudo vi lircRadipi.service
```

リスト8.4: lircRadipi.service(サービス定義ファイルを新規作成)

```
[Unit]
Description = lirc daemon
```

```
[Service]
ExecStart=/usr/bin/irexec
ExecReload=/usr/bin/irexec
Type=simple
Restart=always
User=radipi

[Install]
WantedBy=multi-user.target
```

ファイル作成が終わったら、次のコマンドによりサービスの読み込みと自動起動設定を行います。

```
sudo cp lircRadipi.service /etc/systemd/system/
sudo systemctl daemon-reload
sudo systemctl start lircRadipi.service
sudo systemctl enable lircRadipi.service
```

【動作確認】 赤外線制御の自動起動

1. sudo systemctl is-enabled lircRadipi.service を実行→**enabled** が表示される
2. sudo systemctl status lircRadipi.service を実行→**Active: active** が表示される
3. 再起動後、設定したリモコンのボタンを押すと対応するコマンドが実行される（コマンド実行時のログはターミナルには表示されません[7]）

図 8.9: 自動起動手順

```
radipi@raspberrypi:/var/tmp $ sudo vi lircRadipi.service
radipi@raspberrypi:/var/tmp $ sudo cp lircRadipi.service /etc/systemd/system/
radipi@raspberrypi:/var/tmp $ sudo systemctl daemon-reload
radipi@raspberrypi:/var/tmp $ sudo systemctl start lircRadipi.service
radipi@raspberrypi:/var/tmp $ sudo systemctl enable lircRadipi.service
Created symlink /etc/systemd/system/multi-user.target.wants/lircRadipi.service → /etc/systemd/system/lircRadipi.service.
radipi@raspberrypi:/var/tmp $ sudo systemctl is-enabled lircRadipi.service
enabled
radipi@raspberrypi:/var/tmp $ sudo systemctl status lircRadipi.service
● lircRadipi.service - lirc daemon
   Loaded: loaded (/etc/systemd/system/lircRadipi.service; enabled; vendor preset: enabled)
   Active: active (running) since Wed 2018-09-05 22:32:39 JST; 27s ago
 Main PID: 2468 (irexec)
   CGroup: /system.slice/lircRadipi.service
           └─2468 /usr/bin/irexec

 9月 05 22:32:39 raspberrypi systemd[1]: Started lirc daemon.
radipi@raspberrypi:/var/tmp $
```

7. コマンドログを確認したい場合、ターミナルを開いて tailf /var/log/daemon.log を実行して下さい。

第9章　Bluetooth出力

本章では、raspberry piの音声をBluetoothスピーカーで再生するための手順を紹介します。

9.1　手順説明

9.1.1　準備するもの

本章の手順を実施するにあたって、次の準備が必要になります。

表9.1: Bluetooth出力で準備するもの

名称	備考（必須＝○）
Bluetoothスピーカー(a2dp対応)	○

Bluetoothスピーカー(a2dp対応)

一度接続設定を行ったBluetoothスピーカーから別のスピーカーに変更する場合、その度にBluetoothスピーカーのMACアドレス部分を書き換える作業が必要になります。

9.2　Bluetoothスピーカー再生

本節では、Bluetoothスピーカーから音声を再生するまでの手順を説明します。

BluetoothスピーカーのMACアドレスを **AA:BB:CC:DD:EE:FF** と表記していますので、使用しているBluetoothスピーカーのMACアドレスと読み替えて下さい。

また、raspbianのOSがStretchより古いバージョンの場合、本手順ではBluetoothスピーカーから実施出来ない場合があります[1]。

9.2.1　Bluetoothスピーカー接続

次のコマンドによりパッケージをインストールし、Bluetoothスピーカーと接続します。

```
sudo apt-get install -y bluealsa bluetooth
sudo bluetoothctl
bluetoothctl> power on
bluetoothctl> agent on
bluetoothctl> default-agent    (→Bluetoothスピーカー電源を入れる)
bluetoothctl> scan on          (→ターミナルに表示されるBluetoothのMACアドレ
```

---

1. 該当するのは、2017年以前にraspbianOSをダウンロードしたイメージを使用している場合です。

スを確認)

```
bluetoothctl> pair AA:BB:CC:DD:EE:FF
bluetoothctl> trust AA:BB:CC:DD:EE:FF
bluetoothctl> connect AA:BB:CC:DD:EE:FF
bluetoothctl> exit
```

‖‖‖

【動作確認】 Bluetoothスピーカー接続

次のコマンドでBluetoothスピーカーから音声が再生されること

‖‖‖

```
sh /home/radipi/Script/setVolume.sh 80
cd /home/expi/python_games
aplay -D bluealsa:HCI=hci0,DEV=AA:BB:CC:DD:EE:FF match1.wav
```

9.2.2　再生先の切り替え

　音声の再生先をHDMI・イヤホンジャックからスピーカーに変更するため、vi等のテキスト
エディタで/home/radipi/.asoundrcを作成し次の通りに編集します。

　本節の手順は「9.2.1 Bluetoothスピーカー接続」から続けて実施して下さい。

```
cd
vi .asoundrc
```

リスト9.1: /home/radipi/.asoundrc

```
 1: pcm.!default {
 2:     type plug
 3:
 4:     slave.pcm{
 5:            type bluealsa
 6:            device "AA:BB:CC:DD:EE:FF"
 7:            profile "a2dp"
 8:     }
 9: }
10:
11: ctl.!default {
12:     type hw
13:     card 0
14: }
```

||||||||||||||||||||||||||||||||||||||||||||||||||||||||||||||||||||||||||||||||||||||||||||||||||
【動作確認】 再生先の切り替え

次のコマンドでBluetoothスピーカーから音声が再生されること

||||||||||||||||||||||||||||||||||||||||||||||||||||||||||||||||||||||||||||||||||||||||||||||||||

```
sh /home/radipi/Reposiotry/radipiScript/checkAudio.sh
```

9.3　自動接続設定

　vi等のテキストエディタでサービスの定義(bluetooth.service)を作成し、自動でサービスを起
動するように設定を行います。

```
cd /etc/systemd/system
sudo vi bluetooth.service
```

リスト9.2: bluetooth.service(サービスの定義)

```
1: [Unit]
2: Description=connect bluetoothctl
3:
4: [Service]
5: Type=simple
6: ExecStart=/bin/sh -c 'echo "connect AA:BB:CC:DD:EE:FF" |sudo
bluetoothctl'
7:
8: [Install]
9: WantedBy=multi-user.target
```

　サービス定義が作成出来たら、このサービスを有効にし、かつ起動時に自動で開始されるよ
うに設定します。

```
sudo systemctl daemon-reload
sudo systemctl start bluetooth.service
sudo systemctl enable bluetooth.service
```

図9.1: 自動接続設定の手順

```
radipi@raspberrypi:/etc/systemd/system $ sudo vi bluetooth.service
radipi@raspberrypi:/etc/systemd/system $ sudo systemctl daemon-reload
radipi@raspberrypi:/etc/systemd/system $ sudo systemctl start bluetooth.service
radipi@raspberrypi:/etc/systemd/system $ sudo systemctl enable bluetooth.service
Synchronizing state of bluetooth.service with SysV service script with /lib/systemd/systemd-sysv-install.
Executing: /lib/systemd/systemd-sysv-install enable bluetooth
radipi@raspberrypi:/etc/systemd/system $ sudo systemctl is-enabled bluetooth.service
enabled
radipi@raspberrypi:/etc/systemd/system $ sudo systemctl status bluetooth.service
* bluetooth.service - connect bluetoothctl
   Loaded: loaded (/etc/systemd/system/bluetooth.service; enabled; vendor preset: enabled)
   Active: active (running) since Wed 2018-09-05 21:13:26 JST; 4h 0min ago
 Main PID: 526 (bluetoothd)
   Status: "Running"
   CGroup: /system.slice/bluetooth.service
           `-526 /usr/lib/bluetooth/bluetoothd

Sep 05 21:13:26 raspberrypi bluetoothd[526]: Starting SDP server
Sep 05 21:13:26 raspberrypi bluetoothd[526]: Bluetooth management interface 1.14 initialized
Sep 05 21:13:26 raspberrypi bluetoothd[526]: Failed to obtain handles for "Service Changed" characteristic
Sep 05 21:13:26 raspberrypi bluetoothd[526]: Sap driver initialization failed.
Sep 05 21:13:26 raspberrypi bluetoothd[526]: sap-server: Operation not permitted (1)
Sep 05 21:13:26 raspberrypi bluetoothd[526]: Endpoint registered: sender=:1.6 path=/A2DP/SBC/Source/1
Sep 05 21:13:26 raspberrypi bluetoothd[526]: Failed to set privacy: Rejected (0x0b)
Sep 06 01:01:28 raspberrypi bluetoothd[526]: Unable to set connect data for Headset Voice gateway: getpeername: Trans
Sep 06 01:01:28 raspberrypi bluetoothd[526]: Endpoint registered: sender=:1.6 path=/A2DP/SBC/Source/2
Sep 06 01:02:07 raspberrypi bluetoothd[526]: /org/bluez/hci0/dev_                    /fd0: fd(25) ready
radipi@raspberrypi:/etc/systemd/system $
```

||||||||||||||||||||||||||||||||||||||||||||||||||||||||||||||||||||||||||||||||||||||||||||||||||||||||||||

【動作確認】 Bluetooth接続の自動起動

1. sudo systemctl is-enabled bluetooth.service を実行→**enabled**が表示される

2. sudo systemctl status bluetooth.service を実行→**Active: active**が表示される

3. 再起動後に sh /home/radipi/Reposiotry/radipiScript/checkAudio.sh を実行するとBlue-tooth スピーカーから音声が再生されること

||||||||||||||||||||||||||||||||||||||||||||||||||||||||||||||||||||||||||||||||||||||||||||||||||||||||||||

第10章 スケジュール実行

　本章では、Jenkinsを用いてraspberry piで実行する操作を定期的に実施するための手順を紹介します。

10.1　手順説明

　定期的に実行するコマンドの例として、**朝6時30分のNHKラジオ第一放送のラジオ体操を毎日再生する**コマンドを登録します[1]。

10.1.1　手順実施前に決めること

　本章の手順を実施するにあたって、次の項目を決めておく必要があります。

表 10.1: 手順実施前に決めること

項目	対応する章・節
Jenkins のユーザー名・パスワード	「10.2.2 初期設定」

10.2　パッケージ準備

　本節では、raspberry piにJenkinsをインストールする手順を説明します。

10.2.1　インストールのコマンド

　公式サイトの手順[2]から抜粋したインストールコマンドを実行します。

　コマンド内にある2つのURLは変更される可能性があるため、公式サイトの手順のインストールコマンド内のURLと同じかどうかを、コマンド実施前にご確認下さい。

```
cd /var/tmp
wget -q -O - https://pkg.jenkins.io/debian-stable/jenkins.io.key
              | sudo apt-key add -
sudo sh -c 'echo deb https://pkg.jenkins.io/debian-stable binary/
              > /etc/apt/sources.list.d/jenkins.list'
sudo apt-get update
```

1.radiko 経由で NHK ラジオ第 1 を再生していますが、NHK ラジオの radiko での試験配信が終了した場合、本章で紹介するコマンドでは再生出来ませんのでご了承下さい。

2.https://pkg.jenkins.io/debian-stable

```
sudo apt-get install jenkins
```

図10.1: Jenkins インストールのコマンド

```
radipi@raspberrypi:~ $ cd /var/tmp/
radipi@raspberrypi:/var/tmp $ wget -q -O - https://pkg.jenkins.io/debian-stable/jenkins.io.key | sudo apt-key add -
[sudo] radipi のパスワード:
OK
radipi@raspberrypi:/var/tmp $ sudo sh -c 'echo deb https://pkg.jenkins.io/debian-stable binary/ > /etc/apt/sources.li
st.d/jenkins.list'
radipi@raspberrypi:/var/tmp $ cat /etc/apt/sources.list.d/jenkins.list
deb https://pkg.jenkins.io/debian-stable binary/
radipi@raspberrypi:/var/tmp $ sudo apt-get -y update
取得:1 http://archive.raspberrypi.org/debian stretch InRelease [25.3 kB]
取得:2 http://raspbian.raspberrypi.org/raspbian stretch InRelease [15.0 kB]
無視:3 https://pkg.jenkins.io/debian-stable binary/ InRelease
取得:4 https://pkg.jenkins.io/debian-stable binary/ Release [2,042 B]
取得:5 http://raspbian.raspberrypi.org/raspbian stretch/main armhf Packages [11.7 MB]
取得:6 https://pkg.jenkins.io/debian-stable binary/ Release.gpg [181 B]
取得:7 http://archive.raspberrypi.org/debian stretch/main armhf Packages [175 kB]
取得:8 https://pkg.jenkins.io/debian-stable binary/ Packages [13.2 kB]
取得:9 http://archive.raspberrypi.org/debian stretch/ui armhf Packages [34.3 kB]
11.9 MB を 24秒 で取得しました (496 kB/s)
パッケージリストを読み込んでいます... 完了
radipi@raspberrypi:/var/tmp $ sudo apt-get install -y jenkins
パッケージリストを読み込んでいます... 完了
```

10.2.2　初期設定

　Jenkinsの設定は、コンソール画面とブラウザー画面の両方を使用します。

　まずブラウザーを開き、次のURLにアクセスします。■■■は設定を行う環境によって入力する文字列が異なります。

- **http://■■■:8080**
  - ——■■■ = localhost（raspberry pi上で設定する場合）
  - ——■■■ = raspberry piのIPアドレス　（別のPCからSSH経由で設定する場合）

図 10.2: 初期画面用のパスワード確認

Getting Started

Unlock Jenkins

To ensure Jenkins is securely set up by the administrator, a password has been written to the log (not sure where to find it?) and this file on the server:

`/var/lib/jenkins/secrets/initialAdminPassword`

Please copy the password from either location and paste it below.

Administrator password

`Continue`

ブラウザーの画面が図 10.2 になったら、ターミナルで次のコマンドを実行します。

```
sudo cat /var/lib/jenkins/secrets/initialAdminPassword
```

図 10.3: 初期画面用のパスワード確認

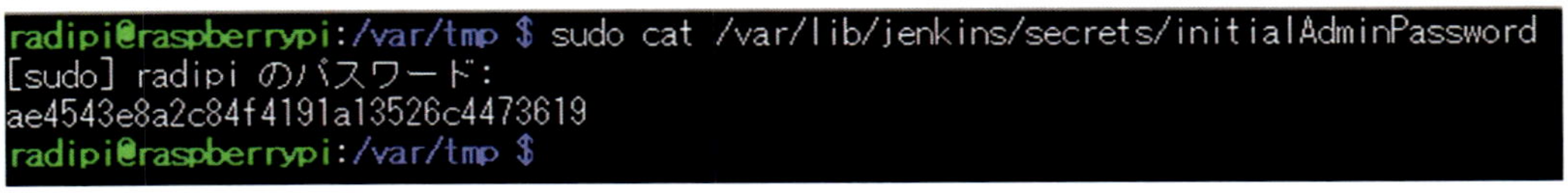

```
radipi@raspberrypi:/var/tmp $ sudo cat /var/lib/jenkins/secrets/initialAdminPassword
[sudo] radipi のパスワード:
ae4543e8a2c84f4191a13526c4473619
radipi@raspberrypi:/var/tmp $
```

ここで表示されたパスワードを図 10.2 の Administrator password の欄にパスワードを入力し、Continue を選択します。

プラグイン選択画面では **Skip Plugin Installations** を選択し、次のユーザー情報入力画面でユーザー名とパスワードを入力し、**Save and Continue** を選択します。

図 10.4: プラグイン選択画面／ユーザー情報の入力画面

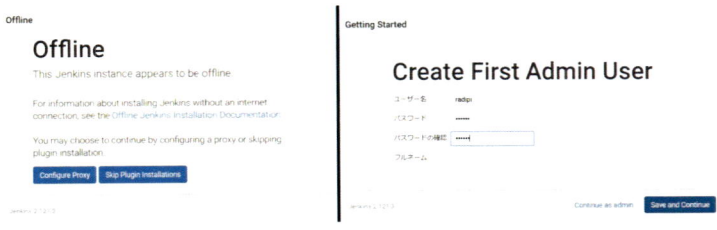

次の URL 設定画面では値を変更せずに **Save and Finish** を選択し、遷移した画面の **Start**

using Jenkins を選択します。

図 10.5: URL 設定画面／ Jenkins 開始画面

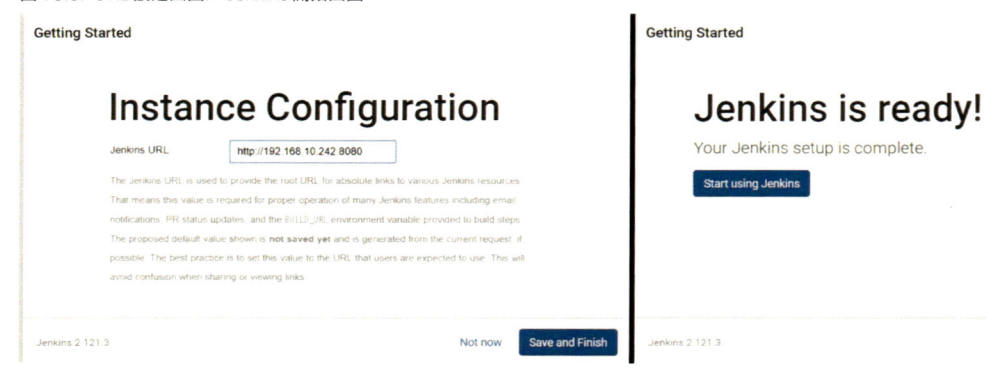

最後に、Jenkins のジョブで音声が再生されるように次の設定変更を行います。

```
sudo sed -i 's/JENKINS_USER=$ NAME/JENKINS_USER=www-data/'
/etc/default/jenkins
cd /var/
sudo chown -R www-data:jenkins lib/jenkins/ log/jenkins/
cache/jenkins/
sudo service jenkins restart
```

図 10.6: 音声設定・実行ユーザー変更設定

```
radipi@raspberrypi:~ $ sudo sed -i 's/JENKINS_USER=$NAME/JENKINS_USER=www-data/' /etc/default/jenkins
radipi@raspberrypi:~ $ cd /var/
radipi@raspberrypi:/var $ sudo chown -R www-data:jenkins lib/jenkins/ log/jenkins/ cache/jenkins/
radipi@raspberrypi:/var $ sudo service jenkins restart
radipi@raspberrypi:/var $
```

10.3 スケジュール登録

本節では Jenkins にジョブを追加する手順を説明します。

「4.2 radiko 加盟局」のスクリプトを利用して、ラジオ体操を再生するジョブ（**毎朝6時30分にNHKラジオ第1を10分間再生する**）を追加します。

10.3.1 スケジュール作成

まずブラウザーを開き、「http://■■■:8080」にアクセスします。（アドレスは「10.2.2 初期設定」で選択したものと同じ）

図10.4で設定したログイン情報を入力してログインし、左上の「新規ジョブ作成」を選択します。

図10.7: 新規ジョブ作成時の画面

　ジョブの名前を入力し、**「フリースタイル・プロジェクトのビルド」を選択し**、OKを押します。ジョブ名は日本語でも構いません。

10.3.2　スケジュール編集

　スケジュール作成に引き続きスケジュール編集を行い、実行するコマンドのタイミング・内容を設定します。

　「ビルド・トリガ」タブの**定期的に実行**にチェックを入れ、スケジュール情報をスケジュール欄に指定することにより、実行タイミングを決めることが出来ます。

図10.8: 定期的なコマンド実行の設定

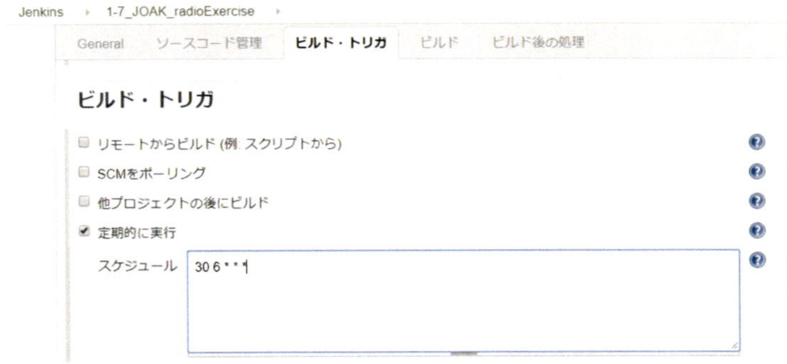

　スケジュール情報のフォーマットはcronと同様で、表10.2の通りです。

表 10.2: スケジュール指定フォーマット

項目	分	時	日	月	曜日
値の範囲	0-59	0-23	1-31	1-12	0-7

　ここでは「毎朝6時半」のスケジュールを設定したいため、**「30 6 * * *」** と表記します。

　引き続き、コマンドの内容を指定します。

　ビルド内の「ビルド手順の追加」メニューから、**「シェルの実行」** を選択します。

図 10.9: シェルの実行を選択

　「シェルの実行」を選択するとコマンドを入力するテキストボックスが表示され、ここに実行したいコマンドの内容を入力します。

　ここでは「NHKラジオ第1を10分間再生するコマンド」を入力します。

```
/home/radipi/Script/browserScript/playradiko.sh -t 10 -p JOAK
```

図 10.10: コマンド記載

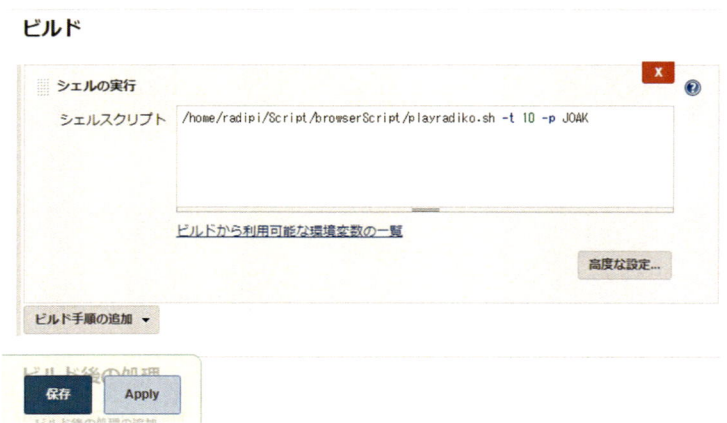

10.4　スケジュール実行確認

　登録したスケジュールが正しく実行されるか確認するため、登録したジョブをテスト実行します。Jenkinsのホーム画面に戻り、先程作成したジョブを実行しましょう。

図10.11: ジョブ実行時の画面

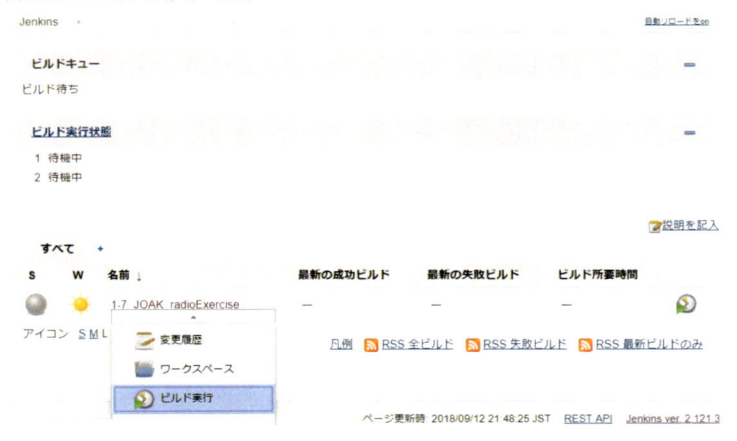

|||||||||||||||||||||||||||||||||||||||||||||||||||||||||||||||||||||||||||||||||||||||||||||||||||||||||||||||||||||||||||||||

【動作確認】　スケジュール実行確認

登録したジョブの「ビルド実行」を押すと音声が流れること（X印を押すと停止）

|||||||||||||||||||||||||||||||||||||||||||||||||||||||||||||||||||||||||||||||||||||||||||||||||||||||||||||||||||||||||||||||

付録A　地域別民放ラジオ局リスト

各エリア別の民放ラジオ局リストです。エリア区分はradikoの区分に準拠しています。

A.1　北海道・東北エリア

表 A.1: 北海道・東北エリア

放送局名称	FM 周波数 (MHz)	放送局 ID	radiko 対応
エフエム岩手	76.1	FMI	○
Date fm （エフエム仙台）	77.1	DATEFM	○
エフエム青森	80.0	AFB	○
AIR-G' （エフエム北海道）	80.4	AIR-G	○
Rhythm Station （エフエム山形）	80.4	(RFM)	×
ふくしまFM （エフエム福島）	81.8	FMF	○
FM NORTH WAVE （エフエム・ノースウェーブ）	82.5	NORTHWAVE	○
エフエム秋田	82.8	(AFM)	×
秋田放送	90.1	ABS	○
STV ラジオ	90.4	STV	○
IBC 岩手放送	90.6	IBC	○
ラジオ福島	90.8	RFC	○
HBC ラジオ （北海道放送）	91.5	HBC	○
青森放送	91.7	RAB	○
山形放送	92.4	YBC	○
東北放送	93.5	TBC	○

A.2 関東エリア

表 A.2: 関東エリア

放送局名称	FM 周波数 (MHz)	放送局 ID	radiko 対応
RADIO BERRY (エフエム栃木)	76.4	RADIOBERRY	○
bayfm （ベイエフエム）	78.0	BAYFM78	○
NACK5 （エフエムナックファイブ）	79.5	NACK5	○
TOKYO FM （エフエム東京）	80.0	FMT	○
J-WAVE	81.3	FMJ	○
Fm yokohama （横浜エフエム放送）	84.7	YFM	○
FM GUNMA （エフエム群馬）	86.3	FMGUNMA	○
InterFM （InterFM897）	89.7	INT	○
TBS ラジオ	90.5	TBS	○
文化放送	91.6	QRR	○
ラジオ日本 （アール・エフ・ラジオ日本）	92.4	JORF	○
ニッポン放送	93.0	LFR	○
栃木放送	94.1	CRT	○
茨城放送	94.6	IBS	○

A.3 北陸・甲信越エリア

表 A.3: 北陸・甲信越エリア

放送局名称	FM 周波数 (MHz)	放送局 ID	radiko 対応
FM 福井 （福井エフエム放送）	76.1	(FMFUKUI)	×
FM NIIGATA （エフエムラジオ新潟）	77.5	FMNIIGATA	○
FM PORT （新潟県民エフエム放送）	79.0	FMPORT	○
FM 長野 （長野エフエム放送）	79.7	FMN	○
エフエム石川	80.5	HELLOFIVE	○
FM とやま （富山エフエム放送）	82.7	FMTOYAMA	○
FM-FUJI （エフエム富士）	83.0	FM-FUJI	○
KNB ラジオ （北日本放送）	90.2	KNB	○
YBS ラジオ （山梨放送）	90.9	YBS	○
BSN ラジオ （新潟放送）	92.7	BSN	○
MRO ラジオ （北陸放送）	94.0	MRO	○
SBC ラジオ （信越放送）	94.2	SBC	○
FBC ラジオ （福井放送）	94.6	FBC	○

A.4 中部エリア

表 A.4: 中部エリア

放送局名称	FM 周波数 (MHz)	放送局 ID	radiko 対応
ZIP-FM	77.8	ZIP-FM	○
FM 三重 （三重エフエム放送）	78.9	FMMIE	○
K-mix （静岡エフエム放送）	79.2	K-mix	○
Radio NEO	79.5	RADIONEO	○
エフエム岐阜	80.0	FMGIFU	○
@FM （エフエム愛知）	80.7	FMAICHI	○
ぎふチャン （岐阜放送）	90.4	GBS	○
東海ラジオ	92.9	TOKAIRADIO	○
CBC ラジオ	93.7	CBC	○
SBS ラジオ （静岡放送）	93.9	SBS	○

A.5 近畿エリア

表 A.5: 近畿エリア

放送局名称	FM 周波数 (MHz)	放送局 ID	radiko 対応
FM COCOLO	76.5	CCL	○
e-radio （エフエム滋賀）	77.0	E-RADIO	○
FM802	80.2	802	○
FM OH! （エフエム大阪）	85.1	FMO	○
α-STATION （エフエム京都）	89.4	ALPHA-STATION	○
Kiss FM KOBE （兵庫エフエム放送）	89.9	KISSFMKOBE	○
MBS ラジオ	90.6	MBS	○
ラジオ関西	91.1	CRK	○
ラジオ大阪 （大阪放送）	91.9	OBC	○
ABC ラジオ （朝日放送ラジオ）	93.3	ABC	○
和歌山放送	94.2	WBS	○
KBS 京都 （京都放送）	94.9	KBS	○

A.6 中国・四国エリア

表 A.6: 中国・四国エリア

放送局名称	FM 周波数 (MHz)	放送局 ID	radiko 対応
FM 岡山 （岡山エフエム放送）	76.8	(JOVV-FM)	×
V-air （エフエム山陰）	77.4	(V-AIR)	×
広島 FM （広島エフエム放送）	78.2	HFM	○
エフエム香川	78.6	FMKAGAWA	○
エフエム山口	79.2	FMY	○
エフエム愛媛	79.7	JOEU-FM	○
エフエム徳島	80.7	(JOMV-FM)	×
HISIX （エフエム高知）	81.6	(HISIX)	×
西日本放送	90.3	RNC	○
高知放送	90.8	RKC	○
RSK ラジオ （山陽放送）	91.4	RSK	○
南海放送	91.7	RNB	○
BSS ラジオ （山陰放送）	92.2	BSS	○
山口放送	92.3	KRY	○
四国放送	93.0	JRT	○
RCC ラジオ （中国放送）	94.6	RCC	○

A.7 九州・沖縄エリア

表 A.7: 九州・沖縄エリア

放送局名称	FM 周波数 (MHz)	放送局 ID	radiko 対応
LOVE FM （ラブエフエム国際放送）	76.1	LOVEFM	○
エフエム熊本	77.4	FMK	○
エフエム佐賀	77.9	(FMS)	×
cross fm	78.7	CROSSFM	○
エフエム長崎	79.5	FMNAGASAKI	○
μ FM （エフエム鹿児島）	79.8	MYUFM	○
エフエム福岡	80.7	FMFUKUOKA	○
エフエム宮崎	83.2	(JOYFM)	×
エフエム沖縄	87.3	FM_OKINAWA	○
エフエム大分	88.0	FM_OITA	○
KBC ラジオ （九州朝日放送）	90.2	KBC	○
宮崎放送	90.4	MRT	○
RKB ラジオ	91.0	RKB	○
RKK ラジオ （熊本放送）	91.4	RKK	○
RBCi ラジオ （琉球放送）	92.1	RBC	○
長崎放送	92.6	NBC	○
MBC ラジオ （南日本放送）	92.8	MBC	○
ラジオ沖縄	93.1	ROK	○
OBS ラジオ （大分放送）	93.3	OBS	○
NBC ラジオ佐賀 （長崎放送佐賀放送局）	93.5	(NBCS)	×

A.8 全国エリア

表 A.8: 全国エリア

放送局名称	放送局 ID	radiko 対応
放送大学	HOUSOU-DAIGAKU	○
ラジオ NIKKEI 第 1	RN1	○
ラジオ NIKKEI 第 2	RN2	○

付録B　リモコン信号の記録(irrecord)失敗例

　「8.4 リモコン信号の記録」で説明した通り、リモコン信号の記録はなかなか上手く行かない場合が多いです。ここでは、よく発生するエラーとその対処法を説明します。

　エラーメッセージの文言に一致するものがあれば、それぞれ内容を読んで再度挑戦してみて下さい。

B.1　失敗例1：Running irrecord with this level of noise...

図B.1: 失敗例1

```
radipi@raspberrypi:~ $ sudo service lircd stop
radipi@raspberrypi:~ $ cd /var/tmp/
radipi@raspberrypi:/var/tmp $ sudo irrecord -n -d /dev/lirc0
Running as regular user radipi
Using driver default on device /dev/lirc0

irrecord -  application for recording IR-codes for usage with lirc
Copyright (C) 1998,1999 Christoph Bartelmus(lirc@bartelmus.de)

This program will record the signals from your remote control
and create a config file for lircd.

Please take the time to (中略)le as described in
https://sourceforge.net/p/lirc-remotes/wiki/Checklist/ an send it
to <lirc@bartelmus.de> so it can be made available to others.

Press RETURN to continue.

Checking for ambient light  creating too much disturbances.
Please don't press any buttons, just wait a few seconds...

Here is a lof of noise (884 bytes received)
Running irrecord with this level of noise will not give good results.
Please try to turn off fluorescent lamps or tubes and other sources
of variable IR radiation and restart. If nothing else works, you
might have to mask the receiving IR diode. You REALLY should press
ctrl-C at this point, but it's technically possible to proceed
by pressing RETURN
```

1．Ctrl＋Cで停止